生活垃圾焚烧发电厂自动监测数据管理新政解读

生态环境部生态环境执法局
生态环境部华南环境科学研究所 编著

中国环境出版集团·北京

图书在版编目（CIP）数据

生活垃圾焚烧发电厂自动监测数据管理新政解读/生态环境部生态环境执法局，生态环境部华南环境科学研究所编著．—北京：中国环境出版集团，2020.12（2021.4 重印）

ISBN 978-7-5111-4500-0

Ⅰ．①生… Ⅱ．①生…②生… Ⅲ．①垃圾发电—自动化监测系统 Ⅳ．①X705

中国版本图书馆 CIP 数据核字（2020）第 221630 号

出 版 人 武德凯
责任编辑 张 娣
责任校对 任 丽
封面设计 岳 帅

出版发行 中国环境出版集团
（100062 北京市东城区广渠门内大街 16 号）
网 址：http://www.cesp.com.cn
电子邮箱：bjgl@cesp.com.cn
联系电话：010-67112765（编辑管理部）
发行热线：010-67125803，010-67113405（传真）
印 刷 北京中科印刷有限公司
经 销 各地新华书店
版 次 2020 年 12 月第 1 版
印 次 2021 年 4 月第 5 次印刷
开 本 880×1230 1/32
印 张 6.625
字 数 150 千字
定 价 32.00 元

编写委员会

主　编　曹立平　吴国增

副主编　夏祖义　隋筱婵　于云江

编　委　毛剑英　刘　伟　牛光甲　卢加伟　海　景

高雷利　谢　冰　陈杰娥　洪澄泱　史力争

张洁茹　曾照群　谢颖诗

前　言

我国经济社会发展和城镇化进程推进带来的“垃圾围城”问题推动了垃圾焚烧行业的发展。《“十三五”全国城镇生活垃圾无害化处理设施建设规划》提出的 2020 年垃圾焚烧发电发展目标为 59 万 t/d，约为 2016 年年底实际在用规模的两倍。国家有关部门拟在“十四五”期间进一步推进生活垃圾焚烧处理市场化，垃圾焚烧发电规模仍将进一步增长。焚烧已逐渐成为生活垃圾无害化处理的主要手段，超标引发的“邻避”冲突、健康风险等将更加受到社会关注。

国家高度重视垃圾焚烧行业环境监管。党的十九大报告明确提出要加强固体废物和垃圾处置。2018 年 5 月习近平总书记在全国生态环境保护大会上强调，要严密防控垃圾焚烧、对二甲苯（PX）等重点领域生态环境风险，推进“邻避”问题防范化解，破解涉环保项目“邻避”问题。生态环境部从 2016 年开始推进垃圾焚烧发电行业全面达标排放专项整治，将其作为践行习近平生态文明思想的重要举措，作为打好污染防治攻坚战的标志性战役，作为推进环境监管精细化的重大实践。2016 年完成了行业摸底排查；2017 年完成了行业“装、树、联”；2018 年根据“装、树、联”自动监测数据和执法监测情况压茬推进，对问题焚烧厂跟踪督办、按月检查；

2019 年出台了生活垃圾焚烧发电厂（以下简称垃圾焚烧厂）自动监测数据管理新政，包括《生活垃圾焚烧发电厂自动监测数据应用管理规定》（生态环境部令　第 10 号，以下简称《管理规定》）和《生活垃圾焚烧发电厂自动监测数据标记规则》（生态环境部公告　2019年第 50 号，以下简称《标记规则》），推动行业环境监管进入新阶段。

管理新政创新性地提出自动监测数据可作为污染物排放超标等违法行为的认定和处罚依据，填补了自动监测数据直接用于行政处罚的空白，实现了对垃圾焚烧行业的全天候实时监管，可有力震慑违法排污行为，促进垃圾焚烧厂自觉守法，让行业监管愈加透明，是一次历史性的突破。管理新政出台的同时，生态环境部推动垃圾焚烧厂自动监测数据上网向社会公开，按季度公开垃圾焚烧厂环境违法行为处理处罚情况，取得了良好的效果，得到了社会的认可。

管理新政出台后，生态环境部生态环境执法局组织开展了多次宣贯培训，覆盖了纳入“装、树、联”管理的每家垃圾焚烧厂及属地生态环境主管部门，但仍有一些垃圾焚烧厂存在对管理新政理解不够深、自动监测数据质量不够好、不按规则进行标记等问题。为此，我们组织编写了《生活垃圾焚烧发电厂自动监测数据管理新政解读》一书，以全面解读相关内容，帮助垃圾焚烧厂和属地生态环境主管部门更好地理解领会。

本书在编写过程中得到了部分地方生态环境主管部门和垃圾焚烧厂的支持和帮助，在此谨表谢意。由于编写时间仓促、编者水平有限，书中疏漏之处在所难免，敬请广大读者指正。

目　录

第 1 部分　《生活垃圾焚烧发电厂自动监测数据应用管理规定》解读

第2部分 《生活垃圾焚烧发电厂自动监测数据标记规则》解读

附　录

第 1 部分

《生活垃圾焚烧发电厂自动监测数据应用管理规定》解读

1　目的依据

1.1　原文

第一条　为规范生活垃圾焚烧发电厂自动监测数据使用，推动生活垃圾焚烧发电厂达标排放，依法查处环境违法行为，根据《中华人民共和国环境保护法》《中华人民共和国大气污染防治法》等法律法规，制定本规定。

1.2　要点分析

本条说明了制定《管理规定》的目的和依据。

（1）目的和意义

垃圾焚烧厂烟气污染物排放不达标是加剧“邻避”矛盾的重要诱因。2018 年 5 月习近平总书记在全国生态环境保护大会上指出，要严密防控垃圾焚烧、对二甲苯（PX）等重点领域生态环境风险，推进“邻避”问题防范化解，破解涉环保项目“邻避”问题。生态环境部有关《管理规定》的解读文章[1]明确说明了《管理规定》出台的三个目的和意义：一是打好污染防治攻坚战的迫切需要。生态环境部针对少数垃圾焚烧厂建设年代较早、设备相对陈旧、未能稳定达标排放、群众反映较为强烈等问题，将生活垃圾焚烧发电行业达标排放整治作为污染防治攻坚战的重要内容，积极推动相关问题的解决。二是强化常态化执法监管的重要举措。《管理规定》创新性地提出了自动监测数据可作为生活垃圾焚烧发电行业污染物排放超标等违法行为的认定和处罚依据，填补了自动监测数据直接用于行政处罚的空白，实现了对生活垃圾焚烧发电行业的实时监管，可有力震慑违法排污行为，促进垃圾焚烧厂自觉守法，让行业监管愈加透明，是一次历史性的突破。三是促进行业健康发展的必然要求。《管理规定》通过自动监测手段，实现全天候环境监管，依法打击超标排污、弄虚作假等违法行为，倒逼行业优胜劣汰，淘汰个别工艺水平落后、管理水平低下、不能长期稳定达标排放的垃圾焚烧厂，促进垃圾焚烧厂练好“内功”，提高环境管理水平，加快从“要我守法”到“我要守法”的转变。

（2）法律依据

《管理规定》属于部门规章，本条明确了《管理规定》在环境保护法律法规体系中的地位。生态环境部具有制定部门规章的权限，《中华人民共和国立法法》第八十条规定：“国务院各部、委员会、中国人民银行、审计署和具有行政管理职能的直属机构，可以

---

① http://www.mee.gov.cn/xxgk2018/xxgk/xxgk15/201912/t20191202_744963.html.

根据法律和国务院的行政法规、决定、命令，在本部门的权限范围内，制定规章。”

制定《管理规定》，旨在有效执行相关法律法规的规定事项。《中华人民共和国立法法》第八十条同时规定：“部门规章规定的事项应当属于执行法律或者国务院的行政法规、决定、命令的事项。”《管理规定》第一条指出：“为规范垃圾焚烧厂自动监测数据使用，推动垃圾焚烧厂达标排放，依法查处环境违法行为，根据《中华人民共和国环境保护法》《中华人民共和国大气污染防治法》等法律法规，制定本规定。”《管理规定》以《中华人民共和国环境保护法》《中华人民共和国大气污染防治法》等法律法规作为上位法，以烟气污染物达标排放和相关环境违法行为的依法查处作为重点，符合《中华人民共和国立法法》的相关要求。

2 适用范围

2.1 原文

第二条 本规定适用于投入运行的生活垃圾焚烧发电厂（以下简称垃圾焚烧厂）。

2.2 要点分析

本条规定了《管理规定》的适用范围。《管理规定》的适用对象为投入运行的、以焚烧方式集中处理生活垃圾并利用其余热进行发电的生活垃圾焚烧发电厂（见图 1-2-1）。仅焚烧、不发电的垃圾焚烧厂不在《管理规定》的适用范围内，可参照执行，但不强制要求。

自动监测设备及其配套设施属于环境保护设施，应当与主体工程同时设计、同时施工、同时投入使用。《生活垃圾焚烧污染控制标准》（GB 18485—2014）要求每台生活垃圾焚烧炉必须单独设置烟气净化系统并安装烟气在线监测装置，且应设置焚烧炉运行工况在线监测装置。环境保护部 2017 年 4 月 20 日印发《关于生活垃圾焚烧厂安装污染物排放自动监控设备和联网有关事项的通知》（环办环监〔2017〕33 号），并于 4 月 24 日组织召开全国视频会，要

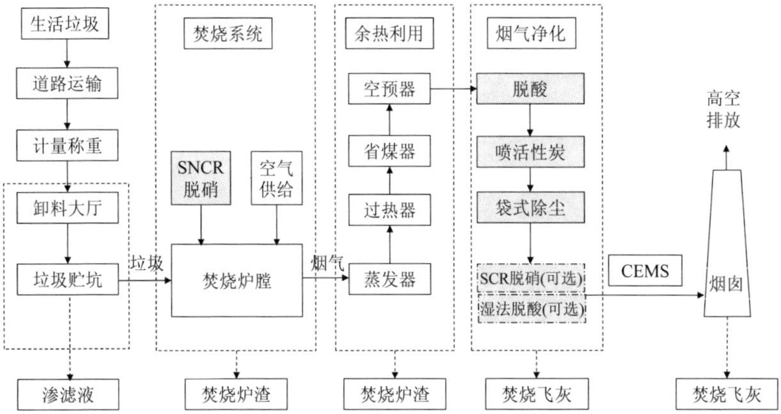

图 1-2-1 生活垃圾焚烧发电厂工艺流程

求垃圾焚烧厂于 2017 年 9 月 30 日前全面完成“装、树、联”三项任务，即依法依规安装污染物排放自动监测设备、厂区门口树立电子显示屏实时公布污染物排放和焚烧炉运行数据、自动监测设备与环保部门联网。因此，垃圾焚烧厂在投入运行时应当完成“装、树、联”，且接受生态环境主管部门的监管，不得以环境保护设施（含自动监测设备）未验收为由，长期不实施联网。

（1）“投入运行”从何时算起？

《火力发电建设工程启动试运及验收规程》（DL/T 5437—2009）规定，发电机组完成分部试运（包括单机试运、分系统试运）、整套启动试运（包括空负荷试运、带负荷试运、满负荷试运）两个阶段后可移交生产；移交生产的机组，在完成全部涉网试验项目验收、符合并网及商业运行相关规定并办理相关手续之后，可转入商业运行。

对于垃圾焚烧厂来说，设备移交生产后，开始并网运行且转入商业运行的时间即可认为是投入运行的起点时间。

（2）联网时限有什么要求？

生态环境部办公厅《关于加强生活垃圾焚烧发电厂自动监控和监管执法工作的通知》（环办执法〔2019〕64 号）要求，各地应督促行政区域内新建、改扩建的生活垃圾焚烧发电项目，在开展环境影响评价时，按照《生活垃圾焚烧污染控制标准》将“装、树、联”列入环境保护措施；在建成投运前，取得排污许可证；在建成投运时，同步完成“装、树、联”。投入运行的垃圾焚烧厂按照重点排污单位管理。对投产后两个月内仍未依法依规完成“装、树、联”的，应按《中华人民共和国大气污染防治法》第一百条第三项的有关规定，责令改正并处罚款，拒不改正的，责令停产整治。

（3）尚未完成竣工环保验收，能否暂不开展“装、树、联”？

2017 年版《建设项目环境保护管理条例》取消了建设项目竣工环保验收的行政许可，将竣工验收的主体由环境保护行政主管部门调整为建设单位。其第十七条规定：“建设单位应当按照国务院环境保护行政主管部门规定的标准和程序，对配套建设的环境保护设施进行验收，编制验收报告。”第十九条规定：“编制环境影响报告书、环境影响报告表的建设项目，其配套建设的环境保护设施经验收合格，方可正式投入生产或者使用；未经验收或者验收不合格的，不得投入生产或者使用。”

垃圾焚烧厂如果尚未完成竣工环保验收，就不得投入生产或者使用，否则属于“未验先投”的违法行为。如果事实上已经投入生产或者使用，并排放了污染物，则应纳入自动监测数据的监管。

2.3 案例

某垃圾焚烧厂扩建项目污染防治设施“未验先投”

某市生态环境主管部门于 2018 年 12 月 16 日对某垃圾焚烧厂进行了检查，发现该厂改扩建项目中 4 号、5 号生活垃圾焚烧炉应配套建设的污染防治设施未经验收，已分别于 2017 年 2 月 19 日、12 月 10 日投入生产。上述行为违反了《建设项目环境保护管理条例》第十九条的规定。

依据《建设项目环境保护管理条例》第二十三条的规定，当地生态环境主管部门决定对该单位处以罚款。

注：2017 年修订的《建设项目环境保护管理条例》施行以来，关于需要配套建设的环境保护设施未建成、未经验收或者验收不合格，建设项目即投入生产或者使用（以下简称“未验先投”）违法行为的处罚，在新旧条例过渡期间如何适用法律，实践中存在较大争议。2019 年 10 月 17 日，生态环境部印发《关于“未验先投”违法行为行政处罚新旧法律规范衔接适用问题的意见》（环法规函〔2019〕121 号），根据最高人民法院于 2004 年 5 月 18 日印发的《关于审理行政案件适用法律规范问题的座谈会纪要》（法〔2004〕96 号）有关新旧法律规范衔接适用基本规则的规定，结合生态环境执法实践，并经征求最高人民法院和司法部意见，就新旧条例过渡期间“未验先投”违法行为行政处罚有关法律适用问题给出了意见。“未验先投”违法行为发生在旧条例施行期间，一直持续到新条例施行之后的，不属于纪要规定的“行政相对人的行为发生在新法施行以前”的情况，不存在新旧条例的选择适用问题，应适用新的条例作出行政处罚。

3 主体责任

3.1 原文

第三条 设区的市级以上地方生态环境主管部门应当将垃圾焚烧厂列入重点排污单位名录。

垃圾焚烧厂应当按照有关法律法规和标准规范安装使用自动监测设备，与生态环境主管部门的监控设备联网。

垃圾焚烧厂应当按照《固定污染源烟气（SO_2、NO_x、颗粒物）排放连续监测技术规范》（HJ 75）等标准规范要求，对自动监测设备开展质量控制和质量保证工作，保证自动监测设备正常运行，保存原始监测记录，并确保自动监测数据的真实、准确、完整、有效。

3.2 要点分析

本条规定了垃圾焚烧厂的主体责任。垃圾焚烧厂属于重点排污单位，是安装使用自动监测设备的责任主体，对自动监测数据的真实性、准确性、完整性、有效性负责。

（1）为什么垃圾焚烧厂属于重点排污单位？

《中华人民共和国大气污染防治法》第二十四条规定重点排污

单位名录“按照国务院生态环境主管部门的规定，根据本行政区域的大气环境承载力、重点大气污染物排放总量控制指标的要求以及排污单位排放大气污染物的种类、数量和浓度等因素，商有关部门确定”。《企业事业单位环境信息公开办法》（环境保护部令 第 31 号）第八条指出，污染物集中处置单位等污染物排放行为引起社会广泛关注的或者可能对环境敏感区造成较大影响的企业事业单位，应当列入重点排污单位名录。《重点排污单位名录管理规定（试行）》（环办监测〔2017〕86 号）第三条要求：“设区的市级地方人民政府环境保护主管部门应当依据本行政区域的环境承载力、环境质量改善要求和本规定的筛选条件，每年商有关部门筛选污染物排放量较大、排放有毒有害污染物等具有较大环境风险的企业事业单位，确定下一年度本行政区域重点排污单位名录。”第六条进一步明确了固体废物集中焚烧设施的运营单位应纳入大气环境重点排污单位名录。垃圾焚烧厂作为污染物集中处置单位和固体废物集中焚烧设施，且排放烟气中的二噁英属于有毒有害污染物，理应被纳入大气环境重点排污单位名录。

（2）为什么垃圾焚烧厂有责任安装自动监测设备？

垃圾焚烧厂作为重点排污单位，应当根据《中华人民共和国大气污染防治法》第二十四条的规定，安装、使用大气污染物排放自动监测设备，与生态环境主管部门的监控设备联网，保证监测设备正常运行并依法公开排放信息。生态环境主管部门应结合日常现场监督检查，对垃圾焚烧厂污染源自动监测设备建设、运行及数据质量等情况进行检查，并对运行不规范等行为依法处理。

（3）自动监测数据的真实、准确、完整、有效具体是指什么？

《中华人民共和国大气污染防治法》第二十五条规定“重点排污单位应当对自动监测数据的真实性和准确性负责”；第二十六条规定“禁止侵占、损毁或者擅自移动、改变大气环境质量监测设施和大气污染物排放自动监测设备”；第一百条规定“未按照规定安装、使用大气污染物排放自动监测设备或者未按照规定与生态环境主管部门的监控设备联网，并保证监测设备正常运行的”或“重点排污单位不公开或者不如实公开自动监测数据的”，“由县级以上人民政府生态环境主管部门责令改正，处二万元以上二十万元以下的罚款；拒不改正的，责令停产整治”。

“真实、准确、完整、有效”简洁有效地概括了自动监测数据的法律法规要求：

①真实，是指自动监测数据以及数据标记（焚烧炉工况标记、自动监测异常标记）符合客观事实。《污染源自动监控设施现场监督检查办法》（环境保护部令　第19号）指出了影响自动监测数据真实性的情况，包括“不按照技术规范操作，导致污染源自动监控数据明显失真”“擅自改动污染源自动监控系统相关参数和数据”“违反技术规范，通过稀释、吸附、吸收、过滤等方式处理监控样品”“不按照技术规范的要求，对仪器、试剂进行变动操作”“违反技术规范的要求，对污染源自动监控系统功能进行删除、修改、增加、干扰，造成污染源自动监控系统不能正常运行，或者对污染源自动监控系统中存储、处理或者传输的数据和应用程序进行删除、修改、增加的操作”等。自动监测数据标记的真实性，是指对自动

监测数据进行注解时，要根据客观事实，按照《标记规则》如实标记每台焚烧炉工况和自动监测异常情况。

②准确，是指自动监测单元的技术指标满足相关要求。自动监测设备应按照《固定污染源烟气（SO_2、NO_x、颗粒物）排放连续监测技术规范》（HJ 75—2017）、《固定污染源烟气（SO_2、NO_x、颗粒物）排放连续监测系统技术要求及检测方法》（HJ 76—2017）、生态环境部办公厅《关于加强生活垃圾焚烧发电厂自动监控和监管执法工作的通知》等相关技术规范和文件，做好日常维护保养、校准、校验工作，及时排除故障，保证自动监测单元的系统响应时间、重复性、线性误差、零点漂移、量程漂移、准确度等技术指标满足要求。

③完整，是指要保证每台焚烧炉自动监测数据在监测指标和全天候环境监管方面的完整性。每台焚烧炉都应纳入“装、树、联”监管，覆盖炉温、五项常规污染物（颗粒物、氮氧化物、二氧化硫、氯化氢、一氧化碳）、烟气参数（温度、压力、流速/流量、湿度、含氧量）等各类自动监测指标，自动监测数据应在长时间序列周期上保持完整性，数据储存介质应有足够的容量，通讯中断恢复正常后应及时补传数据。

④有效，是指要保证自动监测数据作为环境监管和执法依据的有效性。国务院办公厅《关于印发控制污染物排放许可制实施方案的通知》（国办发〔2016〕81 号）指出：“企事业单位应依法开展自行监测，安装或使用监测设备应符合国家有关环境监测、计量认证规定和技术规范，保障数据合法有效，保证设备正常运行，妥善保

存原始记录，建立准确完整的环境管理台账，安装在线监测设备的应与环境保护部门联网。”2017 年 9 月中共中央办公厅、国务院办公厅印发的《关于深化环境监测改革提高环境监测数据质量的意见》指出：“取消环境保护部门负责的有效性审核。重点排污单位自行开展污染源自动监测的手工比对，及时处理异常情况，确保监测数据完整、有效。自动监测数据可作为环境行政处罚等监管执法的依据。”由此可知，保证自动监测数据有效是排污单位的责任。

3.3 案例

案例 1：某重点排污单位未按规定安装、使用烟气污染物自动监测设备

2018 年 10 月 9 日，某市环境执法人员对某油漆工厂开展检查，查明该单位属废气污染物重点监控企业，依照《中华人民共和国环境保护法》第四十二条第三款，重点排污单位应当按照国家有关规定和监测规范安装使用监测设备，保证监测设备正常运行，保存原始监测记录，但该厂实际并未安装自动监测设备。

当地生态环境主管部门依据《中华人民共和国大气污染防治法》第一百条第三项，责令该厂改正违法行为，并处以罚款 9.52 万元。

案例 2：某钢铁公司未保证自动监测设备正常运行

2019 年 6 月 16 日，某市环境执法人员对该市某钢铁有限公司进行了现场检查。该公司高炉热风炉废气自动监测设备 6 月 8—14 日的历史数据中二氧化硫小时浓度排放值共出现 33 次超标，且未向当地生态环境主管部门上报自动监测设备的故障说明。经对该公司高炉热风炉废气排放口排放的二氧化硫进行人工比对监测，显示二氧化硫比对监测结果绝对误差值为 69 mg/m^3，超出了《固定污染源烟气（SO_2、NO_x、颗粒物）排放连续监测技术规范》中的准确度验收技术要求（绝对误差值不超过 17 mg/m^3），评价结果为不合格。该公司上述行为违反了《污染源自动监控管理办法》第十二条第四项以及《中华人民共和国大气污染防治法》第二十四条的规定。

当地生态环境主管部门依据《中华人民共和国大气污染防治法》第一百条第三项的规定，责令该公司改正违法行为，并处以罚款 16 万元。

4 数据标记

4.1 原文

第四条 垃圾焚烧厂应当按照生活垃圾焚烧发电厂自动监测数据标记规则（以下简称标记规则），及时在自动监控系统企业端，如实标记每台焚烧炉工况和自动监测异常情况。

自动监测设备发生故障，或者进行检修、校准的，垃圾焚烧厂应当按照标记规则及时标记；未标记的，视为数据有效。

4.2 要点分析

垃圾焚烧厂不可能全年365天8 760个小时都稳定运行，难免发生故障/事故，需要停止运行、开展检修和重新启动。自动监测设备也不可能全年都生成有效数据，难免发生故障，需要维护、定期校准、定期校验。若不以同一尺度甄别，则会干扰基于自动监测数据的环境监管和执法。由于垃圾焚烧厂对自动监测数据的有效性负有主体责任，所以当焚烧炉工况异常或自动监测设备异常时，理应通过数据标记的形式及时告知监管部门异常状态和原因。

（1）标记的种类

根据《管理规定》和《标记规则》，垃圾焚烧厂的自动监测数据标记分为两大类 11 小类（见图 1-4-1）。未对焚烧炉工况作出“烘炉”“启炉”“停炉”“停炉降温”“停运”“故障”“事故”等 7 种标记的，视作焚烧炉正常运行；未对自动监测异常作出“烟气排放连续监测系统维护（CEMS 维护）”“通讯中断”“炉温异常”“热电偶故障”等 4 种标记的，视作自动监测数据有效。

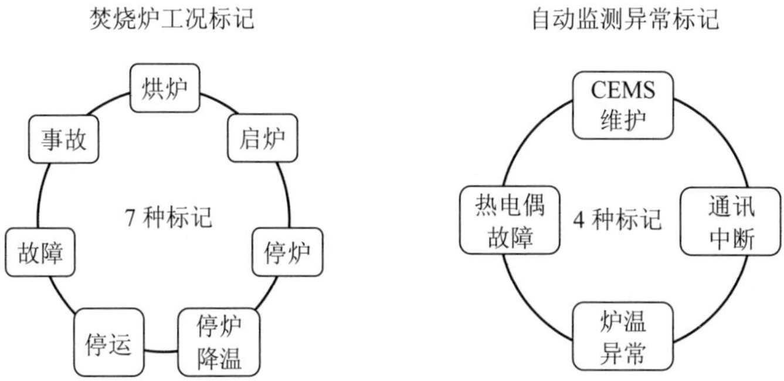

图 1-4-1　《标记规则》中的两大类标记

（2）及时标记的时限要求

按照《标记规则》，当出现焚烧炉工况改变、自动监测数据异常时，垃圾焚烧厂应当于 1 小时内核实并标记，或在接到电子督办单后及时核实，并在 6 小时内按操作提示如实进行标记。

（3）如何开展标记？

根据生态环境部办公厅《关于加强生活垃圾焚烧发电厂自动监控和监管执法工作的通知》，对自动监测异常应优先按照《固定污染源烟气（SO_2、NO_x、颗粒物）排放连续监测技术规范》附录 H 的要求，在 CEMS 设备上自动进行数据状态标记并上传；未进行自动标记的，应在自动监控系统企业端进行人工标记。当 CEMS 设备上的标记与企业端标记不一致时，以企业端人工标记为准。有关企业端人工标记和 CEMS 数据状态标记的区别，详见本书第 2 部分 3.2 节。

（4）为什么要如实标记？

从《管理规定》的相关条文中可以看出，为了不搞“一刀切”，《管理规定》从行业实际出发，根据《生活垃圾焚烧污染控制标准》第 7 章等有关内容，允许垃圾焚烧厂对实际运行中可能遇到的“特殊情形”进行标记注解。如果标记情况与客观事实相符，则可不认定为环境违法行为；否则，说明垃圾焚烧厂存在逃避监管的动机。因此，《管理规定》第十三条将“虚假标记”定性为“通过逃避监管的方式排放大气污染物”。

垃圾焚烧厂有如实标记的法定义务。《中华人民共和国大气污染防治法》第二十条规定，禁止通过偷排、篡改或者伪造监测数据等逃避监管的方式排放大气污染物。《企业事业单位环境信息公开办法》第九条指出，重点排污单位应当公开防治污染设施的建设和运行情况、其他应当公开的环境信息。对焚烧炉工况进行标记，就是属于及时公开防治污染设施的运行情况；对自动监测异常进行标记，可认为属于公开“其他应当公开的环境信息”。

4.3 案例

某垃圾焚烧厂虚假标记被立案查处

2020 年 1 月 6 日 12：00—12：59，某垃圾焚烧厂 3 号废气排放口监控点颗粒物的自动监测折算浓度显示超标，该厂在企业端平台中将相应时段标记为“CEMS 维护”。但当地环境执法人员查实，相应时段该厂并未安排人员开展 CEMS 维护，企业端平台标记的“CEMS 维护”为虚假标记。该厂的行为违反了《管理规定》第四条的规定。

当地生态环境主管部门依据《中华人民共和国大气污染防治法》第九十九条第三项的规定，对该厂环境违法行为处以 16.2 万元罚款。

5 违法证据

5.1 原文

第五条 生态环境主管部门可以利用自动监控系统收集环境违法行为证据。自动监测数据可以作为判定垃圾焚烧厂是否存在环境违法行为的证据。

5.2 要点分析

本条说明了自动监测数据可作为垃圾焚烧厂环境违法的判定证据之一。

（1）自动监控系统、自动监测设备、自动监测数据的区别

根据《中华人民共和国大气污染防治法》第二十四条规定，“重点排污单位应当安装、使用大气污染物排放自动监测设备，与生态环境主管部门的监控设备联网”，可知自动监控系统由排污单位的自动监测设备（又称现场机）和生态环境主管部门的监控设备（又称上位机）组成。“监控”旨在开展环境监管，监控中心不能更改企业的自动监测数据，只能在法律法规和标准规范的允许下，调整现场机的工作状态；企业自动监测数据上传时，一般都会设置单向

的物理隔离，以保证数据安全。例如，监控中心发现企业污染物排放浓度突增时，可以向现场机发送加密监测的指令，以追踪掌握排放趋势；监控中心发现企业污染物排放浓度监测可能存在干扰时，向现场机发送 CEMS 仪器反吹的指令，以消除干扰，保障自动监测数据的准确性；有些地区应用了自动监测设备“动态管控”系统，当不法企业试图更改自动监测设备的关键参数时，监控中心能实时掌握企业的行为、判断企业意图。

自动监测设备在《标记规则》的术语及定义中有着详细的说明。需要指出的是，自动监测设备不单单是污染物 CEMS，炉温自动监测设备以及其他被列入《标记规则》“3.1　自动监控系统”的监测设备也属于自动监测设备。

自动监测数据指自动监测设备运行时产生的数据。

（2）什么是利用自动监控系统收集环境违法行为证据？

《环境行政处罚办法》（环境保护部令　第 8 号）第三十六条指出：“环境保护主管部门可以利用在线监控或者其他技术监控手段收集违法行为证据。经环境保护主管部门认定的有效性数据，可以作为认定违法事实的证据。”

垃圾焚烧厂自动监测数据上传至监控中心（上位机）后，在垃圾焚烧“企业端”平台系统中存储和显示。垃圾焚烧“企业端”平台属于自动监控系统的一部分，在其中存储和显示的自动监测数据可作为环境违法行为证据。当垃圾焚烧厂的“企业端”数据与现场机数据不一致时，可能是企业逃避监管，做“两套账”，没有将现场机产生的数据如实地上传，也可能是企业未保证自动监测设备正常运行，导致现场机产生的数据没有准确地上传。

5.3 案例

某陶瓷公司自动监测数据超标作为环境行政处罚的证据

某陶瓷公司一车间 1 号喷雾塔废气排放口 2019 年 10 月 29 日上报的自动监测日均值数据超标，超标污染因子为颗粒物，质量浓度数值为 40.39 mg/m^3，超标 0.35 倍。2019 年 11 月 1 日，该市环境执法人员到该公司现场检查时调取了自动监控系统的数据。经技术人员现场对该陶瓷公司一车间1 号喷雾塔废气排放口在线监控设备进行检查后，认定该自动监控设备运行正常，数据有效。

该市生态环境主管部门将自动监测数据超标作为环境行政处罚的证据，依据《中华人民共和国大气污染防治法》第九十九条第二项，责令该公司改正违法行为，并处以罚款 10 万元。

6 超标认定

6.1 原文

第六条 一个自然日内，垃圾焚烧厂任一焚烧炉排放烟气中颗粒物、氮氧化物、二氧化硫、氯化氢、一氧化碳等污染物的自动监测日均值数据，有一项或者一项以上超过《生活垃圾焚烧污染控制标准》（GB 18485）或者地方污染物排放标准规定的相应污染物 24 小时均值限值或者日均值限值，可以认定其污染物排放超标。

自动监测日均值数据的计算，按照《污染物在线监控（监测）系统数据传输标准》（HJ 212）执行。

对二噁英类等暂不具备自动监测条件的污染物，以生态环境主管部门执法监测获取的监测数据作为超标判定依据。

6.2 要点分析

本条给出了烟气污染物排放自动监测数据适用超标判定的依据，说明了垃圾焚烧厂烟气污染物自动监测数据主要关注哪些污染物，应执行何种标准，以及何种数据在什么情况下可作为超标的判定依据。

（1）自然日、24 小时均值、日均值、有效小时均值的定义

自然日是指一天 24 小时，包括工作日和节假日。对于自动监测数据来说，一个自然日是指一日内的 00：00：00 至 23：59：59，1 小时是指时钟从 0 分 0 秒到 59 分 59 秒的时间，1 分钟是指时钟从 0 秒到 59 秒的时间，炉温 5 分钟均值中的 5 分钟是指时钟从（N−1）×5 分 0 秒到（N−1）×5 分 0 秒+4 分 59 秒的时间（N 表示每小时内第 N 个炉温 5 分钟均值）。

《生活垃圾焚烧污染控制标准》定义的 1 小时均值是指“任何 1 小时污染物浓度的算术平均值；或在 1 小时内，以等时间间隔采集 4 个样品测试值的算术平均值”，24 小时均值是指“连续 24 个 1 小时均值的算术平均值”。这两条定义并不完全适合自动监测数据，因为自动监测数据需要区分“有效数据”和“无效数据”。对于 1 小时均值来说，对时段内的无效数据进行算术平均是没有意义的；对于 24 小时均值来说，按《生活垃圾焚烧污染控制标准》的定义，需由连续 24 个 1 小时均值进行算术平均，如果一个自然日内有 1 个以上 1 小时均值是无效的，则会导致这个自然日无法计算出 24 小时均值。因此，“1 小时均值”和“24 小时均值”的定义不适合基于自动监测数据的超标认定。

自动监测数据的均值计算更适合使用《污染物在线监控（监测）系统数据传输标准》（HJ 212—2017）附录“D2.2　污染物质量浓度统计计算公式”或者《固定污染源烟气（SO_2、NO_x、颗粒物）排放连续监测系统技术要求及检测方法》附录“B.4　数据处理计算方法、公式和要求”。如表 1-6-1 所示，污染物质量浓度分钟均值

数据由该分钟内至少 12 个有效测量的瞬时值数据进行算术平均而得；污染物质量浓度小时均值数据由该小时内至少 45 个有效测量的分钟均值数据进行算术平均而得；污染物质量浓度日均值数据由该天内至少 20 个有效测量的小时均值数据进行算术平均而得。采取这种计算方式，能够消除无效数据的干扰，提高自动监测数据用于超标认定的可操作性。

此外，判断污染物浓度是否超标，需将污染物浓度折算为烟气含氧量为 11%时的浓度。目前折算浓度日均值的计算，应采用《固定污染源烟气（SO_2、NO_x、颗粒物）排放连续监测系统技术要求及检测方法》附录 B 中的公式（B9），即表 1-6-1 的折算浓度日均值算法 1。少数垃圾焚烧厂采用表 1-6-1 中折算浓度日均值算法 2，不符合《固定污染源烟气（SO_2、NO_x、颗粒物）排放连续监测系统技术要求及检测方法》要求，应改正为折算浓度日均值算法 1。

表 1-6-1　污染物质量浓度的统计计算

项目	计算方式
分钟均值	$质量浓度分钟均值=\frac{\sum_{i=1}^{n}该分钟内有效测量的瞬时值}{n}，n\geqslant 12$
小时均值	$质量浓度小时均值=\frac{\sum_{i=1}^{n}该小时内有效测量的分钟均值}{n}，n=45,\cdots,60$
日均值	$质量浓度日均值=\frac{\sum_{i=1}^{n}该天内有效测量的小时均值}{n}，n=20,\cdots,24$

项目	计算方式
折算浓度日均值算法 1	$折算浓度日均值=实测浓度日均值\times\frac{21-11}{21-含氧量日均值}$
折算浓度日均值算法 2	$折算浓度日均值=\frac{\sum_{i=1}^{n}折算浓度小时均值}{n}，n=20,\cdots,24$

（2）哪些指标的自动监测日均值可以作为判定污染物排放超标的依据？

《中华人民共和国大气污染防治法》第二十四条规定：“重点排污单位应当安装、使用大气污染物排放自动监测设备，与生态环境主管部门的监控设备联网，保证监测设备正常运行并依法公开排放信息。”虽然《生活垃圾焚烧污染控制标准》要求控制的主要烟气污染物包括颗粒物、氮氧化物、二氧化硫、氯化氢、一氧化碳、二噁英类以及汞及其化合物，镉、铊及其化合物，锑、砷、铅、铬、钴、铜、锰、镍及其化合物等共 9 项指标，但是，这些指标并非全部具备自动监测条件。《生活垃圾焚烧污染控制标准》第 9.8 条明确要求，“烟气在线监测指标”（即烟气污染物排放自动监测指标）应至少包括烟气中一氧化碳、颗粒物、二氧化硫、氮氧化物和氯化氢，上述五项指标的自动监测日均值数据可作为判定污染物排放超标的依据。只要有一项指标的自动监测日均值超标，就能认定这一天的污染物自动监测数据超标。

（3）污染物排放超标的界定

判断自动监测数据污染物排放超标包含两个要求：①超标指标

涉及颗粒物、氮氧化物、二氧化硫、氯化氢、一氧化碳五项指标中的一项或多项，二噁英类、重金属类仍以生态环境主管部门执法监测获取的监测数据为准；②排放浓度超过《生活垃圾焚烧污染控制标准》或者地方污染物排放标准中的限值。

目前部分省市已针对垃圾焚烧行业制定了更严格的地方标准，如上海市、海南省。表 1-6-2 收集了截至 2020 年 2 月的部分地区发布或征求意见的地方标准限值供参考。

此外，《中华人民共和国环境影响评价法》第二十七条规定："在项目建设、运行过程中产生不符合经审批的环境影响评价文件的情形的，建设单位应当组织环境影响的后评价，采取改进措施，并报原环境影响评价文件审批部门和建设项目审批部门备案；原环境影响评价文件审批部门也可以责成建设单位进行环境影响的后评价，采取改进措施。"根据这一规定，如果垃圾焚烧厂经审批的环境影响评价文件要求的污染物排放限值严于《生活垃圾焚烧污染控制标准》或当地的地方污染物排放标准，且垃圾焚烧厂污染物排放浓度没有满足经审批的环境影响评价文件要求，那么即便该厂没有违反《生活垃圾焚烧污染控制标准》或当地的地方污染物排放标准的限值要求，没有被认定为污染物排放超标，也应按照环境影响评价的法律规定，组织开展环境影响的后评价，采取改进措施，并备案。如果前述问题是由生产工艺或污染防治措施发生重大变动而引起的，根据《中华人民共和国环境影响评价法》第二十四条，应重新报批环境影响评价文件。如果前述问题属于环境影响评价内容存在重大缺陷或虚假、环境影响评价结论不正确或不合理，根据《中华人民共和国环境影响评价法》第三十二条，可对建设单位及相关人员予以处罚。

（4）自动监测数据小时均值超标是否可定性为排放超标？

《管理规定》使用自动监测数据日均值作为是否超标的判断标准。但若烟气排放一项或多项常规污染物的自动监测小时均值超过《生活垃圾焚烧污染控制标准》规定的 1 小时均值限值时，根据生态环境部办公厅《关于加强生活垃圾焚烧发电厂自动监控和监管执法工作的通知》中的自动监控电子督办运行要求，自动监测系统将向垃圾焚烧厂发送“事中调度”电子督办，督促垃圾焚烧厂及时采取有效措施控制污染物排放，或根据客观事实及时标记。

（5）对二噁英类等暂不具备自动监测条件的污染物，以执法监测数据作为环境违法判定依据

《管理规定》明确指出，二噁英类等暂不具备自动监测条件的污染物，以生态环境主管部门执法监测获取的监测数据作为超标判定依据。根据《生活垃圾焚烧污染控制标准》，生态环境主管部门应采用随机方式对垃圾焚烧厂进行日常监督性监测，对焚烧炉渣热灼减率与烟气中颗粒物、二氧化硫、氮氧化物、氯化氢、重金属类污染物和一氧化碳的监测应每季度至少开展 1 次，对烟气中二噁英类的监测应每年至少开展 1 次。

国内已有一些垃圾焚烧厂构建了烟气二噁英自动采样系统（或称长时采样系统），有的还构建了基于间接监测氯苯类物质的烟气二噁英自动监测系统，但是，目前它们的数据尚不能直接作为环境违法判定依据。

表 1-6-2 GB 18485—2014 及部分地方标准中给出的烟气污染物排放限值

单位：mg/m^3

序号	控制项目	取值时间	《生活垃圾焚烧污染控制标准》（GB 18485—2014）	上海市《生活垃圾焚烧大气污染物排放标准》（DB 31/768—2013），2014 年修改	深圳市《生活垃圾处理设施运营规范》（SZDB/Z 233—2017）		海南省《生活垃圾焚烧污染控制标准》（DB 46/ 484—2019）	福建省《生活垃圾焚烧发电氮氧化物排放限值及排放标准（征求意见稿）》，2018
					新建	现有		
1	颗粒物	24 小时均值	20	10	8	10	8	—
		1 小时均值	30	10	10	30	10	—
2	总有机碳（TOC）	24 小时均值	—	—	10	10	10	—
		1 小时均值	—	—	10	20	20	—
3	一氧化碳（CO）	24 小时均值	80	50	30	50	30	—
		1 小时均值	100	100	50	100	50	—
4	氮氧化物（NO_x）	24 小时均值	250	200	80	80	120	100
		1 小时均值	300	250	80	200	150	120
5	二氧化硫（SO_2）	24 小时均值	80	50	30	50	20	—
		1 小时均值	100	100	30	100	30	—
6	氯化氢（HCl）	24 小时均值	50	10	8	10	8	—
		1 小时均值	60	50	8	60	10	—

序号	控制项目	取值时间	《生活垃圾焚烧污染控制标准》（GB 18485—2014）	上海市《生活垃圾焚烧大气污染物排放标准》（DB 31/768—2013），2014 年修改	深圳市《生活垃圾处理设施运营规范》（SZDB/Z 233—2017）		海南省《生活垃圾焚烧污染控制标准》（DB 46/ 484—2019）	福建省《生活垃圾焚烧发电氮氧化物排放限值及排放标准（征求意见稿）》，2018
					新建	现有		
7	氟化氢（HF）	24 小时均值	—	—	1	1	1	—
		1 小时均值	—	—	2	4	2	—
8	汞及其化合物（以 Hg 计）	测定均值	0.05	0.05	0.02	0.05	0.02	—
9	镉、铊及其化合物（以 Cd+Tl 计）	测定均值	0.1	0.05	0.04	0.05	0.03	—
10	锑、砷、铅、铬、钴、铜、锰、镍及其化合物（以 Sb+As+Pb+Cr+Co+Cu+Mn+Ni 计）	测定均值	1.0	0.5	0.3	0.5	0.3	—
11	二噁英类（$ngTEQ/m^3$）	测定均值	0.1	0.1	0.05	0.05	0.05	—

6.3 案例

案例 1：某垃圾焚烧厂氮氧化物自动监测日均值超标

某市环境执法人员调阅某垃圾焚烧厂自动监测数据，发现该厂 2020 年 2 月 17 日 2 号炉氮氧化物日均值超标 1.5 倍，遂于次日至该厂现场检查执法，发现：2 月 17 日该厂 2 号炉自动监测设备运行正常，且有设备台账、设备运维人员证明；2 月 17 日该厂 2 号炉未标记工况异常，在现场询问该厂相关负责人时，其也表示 2 月 17 日工况未发现异常；调取垃圾焚烧厂 2 号炉现场机的 2 月 17 日自动监测数据，确定氮氧化物自动监测数据日均值确实超标 1.5 倍。

经调查取证，该市生态环境主管部门依据《管理规定》认定该厂 2 号炉 2 月 17 日烟气污染物氮氧化物日均值超标。

案例 2：某垃圾焚烧厂氮氧化物自动监测日均值与小时均值数据不匹配

某垃圾焚烧厂 1 号炉 4 月 2 日出现氮氧化物日均值超标，触发事后处理电子督办 1 条。该市环境执法人员现场调查时发现：该厂 2019 年 7 月 24 日更新 CEMS 软件时，人为修改了自动监测设备的参数配置文件，日均值与小时均值存在 24 小时的偏移量，上报的 4 月 2 日氮氧化物日均值实际上是 4 月 1 日氮氧化物小时均值的平均值，而 4 月 1 日该厂 1 号炉标记了工况异常。使用 4 月 2 日的氮氧化物小时均值，按照表 1-6-1 中“折算浓度日均值算法 1”得到的日均值并没有超标。

当地生态环境主管部门根据《管理规定》认定该厂 1 号炉 4 月 2 日没有发生氮氧化物排放超标行为，但认定人为修改自动监测设备参数配置文件的行为属于“未保证自动监测设备正常运行”。考虑到该厂违法行为轻微并及时进行了纠正，没有造成危害后果，当地生态环境主管部门对该厂免予行政处罚。

7 炉温要求

7.1 原文

第七条 垃圾焚烧厂应当按照国家有关规定，确保正常工况下焚烧炉炉膛内热电偶测量温度的 5 分钟均值不低于 850℃。

7.2 要点分析

本条是《生活垃圾焚烧污染控制标准》中对焚烧炉炉膛内焚烧温度技术性能指标要求在执法层面的落地。本条中的“按照国家有关规定”，主要是指按照《生活垃圾焚烧污染控制标准》的规定。《生活垃圾焚烧污染控制标准》规定垃圾焚烧厂炉膛内焚烧温度应≥850℃，烟气在此区间的停留时间不少于 2 秒，是因为国内外普遍认为炉膛内焚烧温度≥850℃和炉膛内烟气停留时间≥2 s 可促使焚烧产生的二噁英得到充分分解。本条对炉膛内焚烧温度≥850℃进一步量化考核，明确要求采用热电偶测量温度的 5 分钟均值来量化考核，焚烧炉正常工况下，该 5 分钟均值不低于 850℃。

（1）正常工况

垃圾焚烧厂未在企业端中做出 7 种焚烧炉工况异常标记的时

段，焚烧炉工况视为正常。

（2）炉膛内热电偶测量温度的 5 分钟均值的计算方法

《标记规则》将炉膛温度明确为“以焚烧炉炉膛内热电偶测量温度的 5 分钟平均值计，即焚烧炉炉膛内中部和上部两个断面各自热电偶测量温度中位数算术平均值的 5 分钟平均值”。具体如下：

①中位数的计算方法。

中位数是统计学的专有名词，指将数据按大小顺序排列形成一个数列后，居于数列中间位置的数据；如果数列的个数为偶数，排序后取中间两个数据的平均值。

“装、树、联”要求炉膛中部断面和上部断面分别至少布设 3 支热电偶，那么中部断面或上部断面的某分钟均值取该断面所有热电偶的中位数即可（见表 1-7-1）。实际可能出现个别热电偶损坏未及时更换或未安装的情况，或者单个断面安装超过 3 支热电偶的情况，则应根据“先按照从小到大的顺序排列，某断面奇数个热电偶取中位数，偶数个热电偶取中间两个值的均值”的原则得到该断面某分钟均值。

表 1-7-1　焚烧炉炉膛热电偶测量温度中位数取值范例

范例	热电偶测量值	中位数取值方法
范例 1	上部断面：870℃ 880℃ 895℃ 中部断面：880℃ 900℃ 915℃	上部断面中位数为 880℃，中部断面为 900℃，两个断面中位数算术平均值为 890℃
范例 2	上部断面：860℃ 870℃ 880℃ 890℃ 中部断面：875℃ 880℃ 900℃ 920℃	上部断面中位数为 875℃，中部断面为 890℃，两个断面中位数算术平均值为 882.5℃

②当热电偶每分钟报一次测量值时的炉温 5 分钟均值计算。

分别取中部断面和上部断面的第 1 分钟中位数或算术平均值，然后对中部断面和上部断面的第1分钟中位数或算数平均值求平均值，得到第 1 分钟均值；然后依次求得第 2 分钟均值、第 3 分钟均值、第 4 分钟均值和第 5 分钟均值；最后，对 5 个分钟均值求平均值即获得该炉温的 5 分钟均值。

③当热电偶并非每分钟报一次测量值时的炉温5分钟均值计算。

按照上述方法求得 5 分钟内（含 5 分钟）相应个数的某分钟均值，然后再求其平均值即可得到 5 分钟均值。如果热电偶为每两分钟报一次测量值，那么先对中部断面和上部断面的第一个两分钟中位数或算术平均值求平均值，得到第一个两分钟均值；然后求第二个两分钟均值；最后对这两个两分钟均值求平均值即当作该炉温的 5 分钟均值。此外，下一个 5 分钟均值将由 3 个两分钟均值获得，因为前一个 5 分钟均值剩余的最后 1 分钟需挪到第三个两分钟均值中。其他情况依此类推。

（3）热电偶测量温度的一般要求

热电偶本身应符合相关技术规定。如垃圾焚烧厂常用的 K 型热电偶应执行《廉金属热电偶校准规范》（JJF 1637—2017），一些垃圾焚烧厂与热电偶连接的温度变送器应执行《温度变送器校准规范》（JJF 1183—2007）。

生态环境部办公厅《关于加强生活垃圾焚烧发电厂自动监控和监管执法工作的通知》规定，垃圾焚烧厂焚烧炉炉膛内温度测量的热电偶本身的允差，应至少满足《热电偶 第1部分：电动势规范和允差》（GB/T 16839.1—2018）的2级允差要求：K型热电偶在−40～1 200℃温度范围内的最大允差应取±2.5℃或±0.75%｜t｜的较大值（t为炉膛内温度）；S型热电偶在0～1 600℃温度范围内的最大允差应取±1.5℃或±0.25%｜t｜的较大值。垃圾焚烧厂焚烧炉炉膛内热电偶测量温度信号传输、检测、显示的过程中，只应补偿热电偶参比端的环境温度，不应随意设置补偿温度。垃圾焚烧厂应加强对热电偶延长导线、中控室热电偶信号检测模块的精度控制，热电偶延长导线的信号传输偏差不应超出±5.0℃，中控室热电偶信号检测偏差不应超出±5.0℃，热电偶参比端环境温度检测偏差不应超出±3.0℃，使用精度±1.0℃的数字式多用表对炉膛内热电偶温度进行查验时的现场测量值与中控系统显示上传值之间的偏差不应超出±14.0℃。有关热电偶查验时合理误差范围的相关依据，可参阅本书附录B。

在对全国垃圾焚烧厂调研帮扶的过程中，发现少数垃圾焚烧厂存在热电偶显示温度与实际温度偏差较大的问题，包括：热电偶延长导线存在信号干扰，中控室热电偶信号检测模块的精度误差较大，人为调高热电偶参比端温度等。这些问题导致热电偶无法如实反映炉膛温度，进而可能影响烟气污染物的达标排放。如果热电偶测温失真是主观故意的，则可定性为《管理规定》第十三条中的"篡改、伪造自动监测数据"。如果热电偶测温失真，而真实的炉温达不到850℃的要求，则可以被认定为违反《管理规定》第七条的要求。因此，垃圾焚烧厂日常运营管理当中，应加强对热电偶的维护管理，确保热电偶测量温度真实、准确、完整和有效。

（4）炉温现场查验要点

目前我国垃圾焚烧炉炉膛内温度测量普遍应用热电偶测温技术。热电偶测温原理见图 1-7-1，热电偶由两种不同的导体或半导体组成回路，将待测温度转变为电动势。电动势与回路热端、冷端的温度差遵从一定的函数关系，可通过测量热电动势计算出待测温度。该技术属于接触式温度测量方法，热电偶电极必须与待测物质（烟气）接触，才能测出待测物质（烟气）的温度。热电偶电极插入炉膛内，表面积灰结焦易影响温度测量的准确性和稳定性，所以做好热电偶日常管理维护尤为重要。综合多次现场检查经验，本书附录 B 生活垃圾焚烧厂炉温测量用热电偶测量偏差查验方法（试用版）可供现场检查参考。

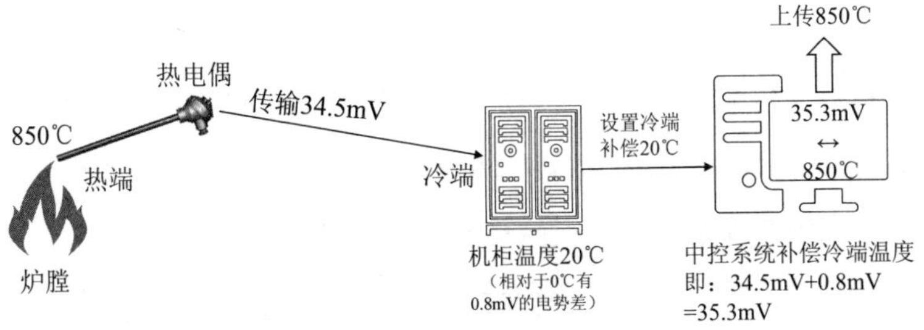

图 1-7-1 热电偶测温原理示意

（5）其他炉温监测技术

其他常用的炉温监测技术还包括红外法、声波法等。

红外法温度测量技术的原理是根据黑体辐射定律，物体的温度越高，所发出的红外辐射能力越强，可通过测量物体的红外辐射强度计算出待测物体的温度。红外法测温技术属于非接触式光学测温技术，传感器无须接触待测物质，可适用于较高温度介质的测量。但由于光线是直线传播，波长很短（0.3～3 μm），该技术易受物体发射率、测温距离、烟尘和水蒸气等外界因素的影响，对工况环境要求较高。红外法测量炉温易受炉膛内的烟尘或其他物质遮挡干扰，从而影响测量的准确性和稳定性，所以该技术在垃圾焚烧炉上应用较少。

声波法温度测量技术是根据介质中声波的传播速率与介质的温度呈某种函数关系，通过测量声波的速率进而计算出该路径的介质温度。在垃圾焚烧炉中，可在炉墙两侧分别安装声波发射和接收装置，声波发射器在一侧发出脉冲波，声波传播经过炉膛后，被另一侧的接收器接收，由此计算出传播路径介质的平均温度（见图1-7-2）。声波法测温技术属于非接触式线或者面测量技术，可以不受炉膛中烟尘和其他杂物的干扰，可实现一条线或者一个截面的温度（场）测量，据报道声波测温技术在大容量、高参数、运行控制要求较高的燃煤发电锅炉上已有较好的应用。

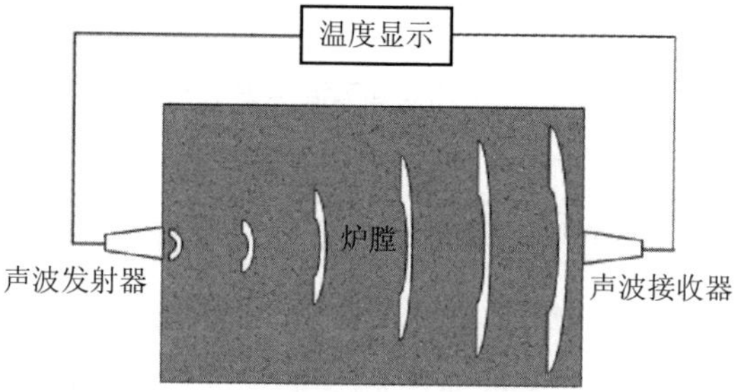

图 1-7-2　声波法测温原理示意

7.3 案例

案例 1：某垃圾焚烧厂炉温不达标

某市生态环境主管部门通过自动监控系统发现，该市某垃圾焚烧厂 1 号炉在 2019 年 3 月 1 日内有两个时间段出现炉温不达标现象，第一个时间段出现 6 次 5 分钟均值低于 850℃，没有对自动监测数据进行标记；第二个时间段也出现 6 次 5 分钟均值低于 850℃，对自动监测数据标记了“故障”。执法人员至该焚烧厂现场检查发现，1 号炉第一个时间段工况正常，热电偶也工作正常；第二个时间段标记了“故障”，故障的具体原因为给料器老化造成卡料、供料不及时。

该市生态环境主管部门认为：该厂 1 号炉第一个时间段炉温低于 850℃，工况未做任何标记，且热电偶也未做任何标记，现场核实符合《管理规定》第十一条的特征，应认定为炉温不达标；第二个时间段出现炉温低于 850℃，是垃圾给料器卡涩造成，符合标记“故障”的要求，标记“故障”期间焚烧炉工况属于非正常工况，不违反《管理规定》第七条“正常工况下焚烧炉炉膛内热电偶测量温度的 5 分钟均值不低于 850℃”的要求，该时间段不认定为炉温不达标。

综上，该市生态环境主管部门认定该垃圾焚烧厂 1 号炉 3 月 1 日当天“炉温不达标”，属于“未按照国家有关规定采取有利于减少持久性有机污染物排放的技术方法和工艺”，并实施相关处罚。

案例 2：某垃圾焚烧厂炉温查验偏差大

某市环境执法人员对某垃圾焚烧厂 1 号炉现场检查时发现，炉膛内焚烧温度测量的 K 型热电偶通过热电偶延长导线接入 DCS 机柜的热电偶 I/O 模块，DCS 机柜的环境温度为 20℃。执法人员对炉温自动监测系统进行了查验：在上部断面 T10 热电偶安装位置将延长导线从 T10 热电偶断开，将延长导线连接信号发生器，使用信号发生器模拟 T10 热电偶测量信号；当使用信号发生器输出 40 mV 的电压信号时，中控系统及数采仪显示 T10 点位的温度为 1 019℃。查询 K 型热电偶分度表发现，热电偶参比端温度为 20℃、延长导线内电压信号为 40 mV 时，相应的测量温度应该为 989℃，而现场查验时的显示温度为 1 019℃，偏差为+30℃，超出了生态环境部办公厅《关于加强生活垃圾焚烧发电厂自动监控和监管执法工作的通知》给出的合理偏差范围±14℃。该垃圾焚烧厂现场排查发现热电偶参比端温度检测模块失真，将环境温度 20℃误检测为 50℃，导致中控系统显示温度偏高。

该市生态环境主管部门认为该垃圾焚烧厂未按照《管理规定》第三条要求保证自动监测数据的准确性，责令其改正环境违法行为。

8 执法监测

8.1 原文

第八条 生态环境主管部门开展行政执法时，可以按照监测技术规范要求采集一个样品进行执法监测，获取的监测数据可以作为行政执法的证据。

生态环境主管部门执法监测获取的监测数据与自动监测数据不一致的，以生态环境主管部门执法监测获取的监测数据作为行政执法的证据。

8.2 要点分析

本条对生态环境主管部门开展行政执法时执法监测获取的监测数据及数据有效性做出了规定。

（1）执法监测采集样品的监测技术规范要求

开展行政执法时应按照监测技术规范要求采集样品。《生活垃圾焚烧污染控制标准》表 6 列出的相关监测技术规范主要有：

GB/T 16157 《固定污染源排气中颗粒物测定与气态污染物采样方法》

HJ/T 56 《固定污染源排气中二氧化硫的测定 碘量法》

HJ 57 《固定污染源废气 二氧化硫的测定 定电位电解法》

HJ 629 《固定污染源废气 二氧化硫的测定 非分散红外吸收法》

HJ/T 42 《固定污染源排气中氮氧化物的测定 紫外分光光度法》

HJ/T 43 《固定污染源排气中氮氧化物的测定 盐酸萘乙二胺分光光度法》

HJ 692 《固定污染源废气 氮氧化物的测定 非分散红外吸收法》

HJ 693 《固定污染源废气 氮氧化物的测定 定电位电解法》

HJ/T 27 《固定污染源排气中氯化氢的测定 硫氰酸汞分光光度法》

HJ 548 《固定污染源废气 氯化氢的测定 硝酸银容量法》

HJ 549 《环境空气和废气 氯化氢的测定 离子色谱法》

HJ 543 《固定污染源废气 汞的测定 冷原子吸收分光光度法（暂行）》

HJ 657 《空气和废气 颗粒物中铅等金属元素的测定 电感耦合等离子体质谱法》

HJ 77.2 《环境空气和废气 二噁英类的测定 同位素稀释高分辨气相色谱-高分辨质谱法》

HJ/T 44 《固定污染源排气中一氧化碳的测定 非色散红外吸收法》

HJ/T 397 《固定源废气监测技术规范》

通过该条，生态环境主管部门开展行政执法时对于二噁英类等暂不具备自动监测条件的污染物，可以在执法监测时采集一个样品进行监测，监测结果即可作为污染物超标排放证据。2019 年发布的《生活垃圾焚烧污染控制标准》修改单对二噁英类和重金属类污染物测定均值的定义进行了修订，由“取样期以等时间间隔（最少 30 分钟，最多 8 小时）至少采集 3 个样品测试值的平均值；二噁英类的采样时间间隔为最少 6 小时，最多 8 小时”，改为“在一定时间内采集的一定数量样品中污染物浓度测试值的算术平均值。对于二噁英类的监测，应在 6～12 个小时内完成不少于 3 个样品的采集；对于重金属类污染物的监测，应在 0.5～8 个小时内完成不少于 3 个样品的采集”。修订后，二噁英类污染物的采样时间大幅缩短，也更加有利于二噁英类和重金属类污染物的现场执法监测。

（2）执法监测数据优先原则

本条对执法监测数据与自动监测数据的优先级进行了规定：生态环境主管部门现场执法监测时获取的监测数据与焚烧厂自动监测数据出现不一致时，以生态环境主管部门执法监测获取的监测数据作为行政执法的证据。此处“行政执法”既包括判断污染物排放是否超标的违法行为认定，也包括判断自动监测设备是否正常运行等违法行为认定。

（3）现场工况核查要点

垃圾焚烧厂如果在现场监测前临时调整生产工况、污染治理设施运行工况，则将直接影响监测评价结果的代表性。《固定源废气监测技术规范》(HJ/T 397—2007)第 4.3.4 条规定:“除相关标准另有规定,对污染源的日常监督性监测,采样期间的工况应与平时的正常运行工况相同。”现场工况核查要点主要包括:

①核查生产工况,包括运行负荷、辅助燃料用量情况。有的焚烧炉为提高运行稳定性,可能会临时减少垃圾给料量、增加辅助燃料量。现场检查时,可通过调阅经审批的环境影响评价文件、运行台账等方式,核算垃圾给料量和辅助燃料用量,同时参照一次风量、二次风量、给料设备运行情况、辅助燃料投加设备运行情况、蒸汽流量等运行参数,综合判定生产工况。若生产工况与经审批的环境影响评价文件存在明显出入,则应核查原因。

②核查烟气净化设施的运行情况。垃圾焚烧厂可能通过改变烟气净化设施运行工况来影响监测结果,监测时应进行核查。例如,调阅烟气净化设施的运行情况和管理记录,核查该厂平时烟气净化环保耗材的种类和投加量,评估监测时有无临时更改环保耗材的类型或用量以临时提高烟气净化效率。

(4)现场采样要点

对垃圾焚烧厂烟气污染物排放进行现场监测,应严格执行《固定污染源排气中颗粒物测定与气态污染物采样方法》(GB/T 16157—1996)、《固定源废气监测技术规范》、《环境空气和废气 二噁英类的测定 同位素稀释高分辨气相色谱-高分辨质谱法》(HJ 77.2—2008)等监测方法标准。

环境监测工作人员在开展固定污染源废气监测前,应做好监测仪器与设备的检定和校准、规范设置采样点位置及采样点位、执行采样及实验室分析的质量控制等一系列固定污染源监测质量保证及质量控制措施，以保证监测数据的代表性、准确性、精密性、可比性和完整性。

烟气污染物采样点位应符合《固定污染源排气中颗粒物测定与气态污染物采样方法》及《固定源废气监测技术规范》的要求：一般来说，采样位置应优先选择在垂直管段，应避开烟道弯头和断面急剧变化的部位，采样位置应设置在距弯头、阀门、变径管下游方向不小于 6 倍直径和距上述部件上游方向不小于 3 倍直径处；对矩形烟道，其当量直径 $D=2AB/(A+B)$，式中 A、B 为边长；采样断面的气流速度最好在 5 m/s 以上。对于气态污染物，由于混合比较均匀，其采样位置可不受上述规定限制，但应避开涡流区，如果同时测定排气流量，采样位置仍应执行以上规定。

对二噁英的监测执行《环境空气和废气　二噁英类的测定　同位素稀释高分辨气相色谱-高分辨质谱法》。二噁英属于痕量污染物，现场采样条件对采样结果影响很大，采样之前应进行必要的资料收集和现场调查，确认符合采样基本要求。

（5）采集一个样品的执法监测数据如何作为行政执法的证据？

①如何理解“一个样品”的执法监测结果作为超标判定依据？

首先，“一个样品”的采集和监测需要严格按照相关技术规范进行。具体到垃圾焚烧厂执法监测，“一个样品”的采集须符合《固定源废气监测技术规范》《固定污染源排气中颗粒物测定与气态污染物采样方法》《生活垃圾焚烧污染控制标准》等技术规范的要求；未按相关技术规范采集的“一个样品”存在法理性缺陷。

其次，强调作为“行政执法的证据”，是指执法部门应搜集多种证据，以构建证据链。“行政执法的证据”的语义范围大于“是否超标的证据”。由于《管理规定》的最大亮点在于自动监测数据可作为判定垃圾焚烧厂“是否超标的证据”，所以对垃圾焚烧厂开展环境行政执法时能够搜集的证据更为丰富，当多个证据互为佐证并构成证据链时，更能够保障环境行政执法的合法性。例如，某地生态环境主管部门发现某垃圾焚烧厂氮氧化物自动监测数据超标，到现场开展了“一个样品”执法监测，执法监测数据与自动监测数据基本吻合，调取的生产工况数据、污染治理设施运行工况数据也能够说明氮氧化物自动监测数据符合实际情况，有助于开展对该厂环境违法行为的认定。再如，到该厂开展“一个样品”执法监测的监测数据明显高于自动监测数据，引出了对该厂涉嫌“未保证自动监测设备正常运行”或“篡改、伪造自动监测数据”的查处，有助于更加客观全面地掌握该厂环境违法行为。

最后，在垃圾焚烧行业的环境执法实践中，应牢牢把握《管理规定》第八条有关执法监测可作为“行政执法的证据”的要求，尽力搜集可相互佐证的多种证据，避免将“一个样品”执法监测数据直接作为判定是否超标的“孤证”，以保障环境执法实践的合法性。

②相关的行政机关公告和部门规章、规章解释。

《关于环保部门现场检查中排污监测方法问题的解释》（国家环境保护总局公告　2007 年第 16 号）指出：“根据有关法律规定，排放标准具有强制实施的效力，必须执行。遵守排放标准是排污单位法定义务。排放标准中规定的污染物排放方式、排放限值等是判定排污行为是否超标的技术依据，在任何时间、任何情况下，排污单位的排污行为均不得违反排放标准中的有关规定。环保部门在对排污单位进行监督性检查时，可以环保工作人员现场即时采样或监测的结果作为判定排污行为是否超标以及实施相关环境保护管理措施的依据。”

《环境行政处罚办法》第三十七条规定：“环境保护主管部门在对排污单位进行监督检查时，可以现场即时采样，监测结果可以作为判定污染物排放是否超标的证据。”《关于“现场即时采样”监测数据认定有关问题的复函》（环办政法函〔2017〕1624 号）指出，2007 年 2 月 27 日，国家环境保护总局发布《关于环保部门现场检查中排污监测方法问题的解释》，规定：“排放标准中规定的污染物排放方式、排放限值等是判定排污行为是否超标的技术依据，在任何时间、任何情况下，排污单位的排污行为均不得违反排放标准中的有关规定。”该公告现行有效。城镇污水处理厂“现场即时采样”即为一次性采样，根据该公告的规定，其监测结果可以作为判定排污行为是否超标的证据。《关于环境行政处罚即时采样问题的复函》（环办法规函〔2018〕1246 号）指出，现场即时采样是指现场检查时可以取一个样品进行监测，监测结果可以作为判定污染物排放是否超标的证据。该样品的采集需按照相关技术规范进行。

8.3 案例

案例 1：某垃圾焚烧厂执法监测数据超标

某市生态环境主管部门接到投诉，该市某垃圾焚烧厂烟气排放疑似超标。该厂设 1 台炉排焚烧炉，焚烧规模为 350 t/d。接到投诉后环境执法人员会同监测技术人员至该厂现场调查。监测技术人员按照相关监测技术规范要求，对烟尘、二氧化硫、氮氧化物、一氧化碳等污染指标小时均值进行了检测，测定结果显示一氧化碳小时均值为 112 mg/m^3，超过《生活垃圾焚烧污染控制标准》小时均值限值（100 mg/m^3）。环境执法人员通过调取该厂自动监测数据，发现现场采样期间该厂一氧化碳小时均值并未出现超标，但依据《管理规定》第八条第二款规定，生态环境主管部门执法监测获取的监测数据与自动监测数据不一致的，以生态环境主管部门执法监测获取的监测数据作为行政执法的证据，执法人员判定该厂一氧化碳排放小时均值超标。

案例 2：某垃圾焚烧厂执法监测数据不符合采样规范

某市生态环境主管部门接到投诉，该市某垃圾焚烧厂烟气排放疑似超标，接到投诉后主管部门组织人员至该厂现场执法。执法监测时，采集了二氧化硫样品 1 个，满足《固定源废气监测技术规范》《固定污染源排气中颗粒物测定与气态污染物采样方法》等采样规范要求，另外，由于准备不充分，临时采集了氮氧化物样品 1 个，采样时间为 2 分钟。测定结果发现二氧化硫小时均值质量浓度为 120 mg/m^3，氮氧化物质量浓度为 350 mg/m^3。

根据《管理规定》第八条，采集一个样品进行执法监测判定是否超标的前提条件是“按照监测技术规范要求”采样监测，本案中现场采样二氧化硫按采样规范要求采集了样品 1 个，监测结果可作为判定排放超标的依据。但是，氮氧化物采样时间仅为 2 分钟，不符合《固定源废气监测技术规范》中第 8.4.1.4 条“每个样品采样时间一般不少于 10 分钟”的要求。因此，本次氮氧化物采样时间不符合规范要求，不能用作环境行政处罚证据。

9 调查取证

9.1 原文

第九条 生态环境主管部门执法人员现场调查取证时，应当提取自动监测数据，制作调查询问笔录或者现场检查（勘察）笔录，并对提取过程进行拍照或者摄像，或者采取其他方式记录执法过程。

经现场调查核实垃圾焚烧厂污染物超标排放行为属实的，生态环境主管部门应当当场责令垃圾焚烧厂改正违法行为，并依法下达责令改正违法行为决定书。

生态环境主管部门执法人员现场调查时，可以根据垃圾焚烧厂的违法情形，收集下列证据：

（一）当事人的身份证明；

（二）调查询问笔录或者现场检查（勘察）笔录；

（三）提取的热电偶测量温度的 5 分钟均值数据、自动监测日均值数据或者数据缺失情况；

（四）自动监测设备运行参数记录、运行维护记录；

（五）相关生产记录、污染防治设施运行管理台账等；

（六）自动监控系统企业端焚烧炉工况、自动监测异常情况数据及标记记录；

（七）其他需要的证据。

生态环境主管部门执法人员现场从自动监测设备提取的数据，应当由垃圾焚烧厂直接负责的主管人员或者其他责任人员签字确认。

9.2 要点分析

本条规定了生态环境主管部门执法人员现场调查取证的要求。

（1）现场调查取证的基本要求

条文规定，执法人员现场调查取证的基本要求包括：①应当提取自动监测数据；②制作调查询问笔录或者现场检查（勘察）笔录；③记录执法过程，包括对提取过程进行拍照或者摄像，或者采取其他方式。

提取的自动监测数据，作为判定垃圾焚烧厂是否存在环境违法行为的主要证据之一，既要与自动监测数据监控中心（上位机）收到的数据进行核对，也要检查核验现场机的自动监测数据是否符合真实、准确、完整、有效的要求。

制作调查询问笔录或者现场检查（勘察）笔录，是环境行政执法以及行政处罚的基本要求。《中华人民共和国行政处罚法》第三十七条明确规定“询问或者检查应当制作笔录”。

使用拍照、摄像等方式记录执法过程，是对《环境行政处罚办法》第三章第二节“调查取证”部分的有效补充。记录执法过程，既有利于构建证据链，又有利于保护执法人员。

调查询问笔录或者现场检查（勘察）笔录的文书格式，应符合《环境行政执法文书制作指南》（环办环监〔2016〕55 号）的要求。

（2）环境违法事实确凿的，当场责令改正

条文规定，现场调查核实垃圾焚烧厂污染物超标排放行为属实的，生态环境主管部门应当当场责令垃圾焚烧厂改正违法行为，并依法下达责令改正违法行为决定书。

“责令改正”不属于《中华人民共和国行政处罚法》规定的 7 种行政处罚类型，也不属于《环境行政处罚办法》第十条规定的 8 种环境行政处罚类型，而是属于行政处罚之外的一种附加的行政命令。《中华人民共和国行政处罚法》第二十三条规定：“行政机关实施行政处罚时，应当责令当事人改正或者限期改正违法行为。”《环境行政处罚办法》第十一条规定：“环境保护主管部门实施行政处罚时，应当及时作出责令当事人改正或者限期改正违法行为的行政命令。责令改正期限届满，当事人未按要求改正，违法行为仍处于继续或者连续状态的，可以认定为新的环境违法行为。”第十二条指出：“根据最高人民法院关于行政行为种类和规范行政案件案由的规定，行政命令不属行政处罚。行政命令不适用行政处罚程序的规定。”

现场调查核实垃圾焚烧厂污染物超标排放行为属实的，理应对垃圾焚烧厂下达“责令改正”的行政命令，避免污染物超标排放这种环境违法行为进一步实施。需要注意的是，条文中所说的“现场调查核实……属实的”，旨在强调执法人员已经收集了必要的证据；

否则，如果在没有确认污染物排放超标、没有收集必要的环境违法证据之前，贸然要求垃圾焚烧厂停止和改正超标排放的违法行为，则不满足法律法规规定的前提条件。

责令改正违法行为决定书的文书格式，应符合《环境行政执法文书制作指南》的要求。

（3）环境违法证据的收集

《环境行政处罚办法》第三十二条指出，环境行政处罚证据主要有书证、物证、证人证言、视听资料和计算机数据、当事人陈述、监测报告和其他鉴定结论、现场检查（勘察）笔录等形式。《管理规定》第九条针对垃圾焚烧厂环境执法的实际情况，对环境行政处罚证据予以细化，列出了现场所需要收集的证据内容。

①第一项“当事人的身份证明”和第二项“调查询问笔录或者现场检查（勘察）笔录”为调查取证时均需收集的内容。对有关物品或者场所进行检查时，应当制作现场检查（勘察）笔录，可以采取拍照、录像或者其他方式记录现场情况。

②第三项到第六项则按所调查的违法行为视情况进行收集，所收集的证据内容应能支撑违法行为的判定，表 1-9-1 为炉温不达标、污染物排放超标等给出了证据收集建议以供参考。

③第一项到第六项之外的证据内容，仅涉及行政处罚的按《中华人民共和国行政处罚法》《环境行政处罚办法》等具体要求视情况进行补充，涉及犯罪的可按《环境保护行政执法与刑事司法衔接工作办法》（环环监〔2017〕17 号）要求视情况进行补充。

④《管理规定》第九条强调：“生态环境主管部门执法人员现

场从自动监测设备提取的数据，应当由垃圾焚烧厂直接负责的主管人员或者其他责任人员签字确认。”

表 1-9-1 《管理规定》第九条第三项至第六项应收集的相关证据

序号	环境违法行为	要求收集的证据内容
1	炉温不达标	至少收集：提取的热电偶测量温度的 5 分钟均值数据或数据缺失情况，炉温自动监测设备运行参数记录、运行维护记录，相关生产记录和运行管理台账，自动监控系统企业端焚烧炉工况、自动监测异常情况数据及标记记录
2	污染物排放超标	至少收集：提取的自动监测日均值数据或者数据缺失情况，污染物自动监测设备运行参数记录、运行维护记录，相关生产记录和污染防治设施运行管理台账，自动监控系统企业端焚烧炉工况、自动监测异常情况数据及标记记录

9.3 案例

某垃圾焚烧厂监测数据异常调查取证

2020 年某日，生态环境部生态环境执法局通过自动监测数据监控发现某垃圾焚烧厂氮氧化物自动监测数据异常，通过“事后处理”电子督办通知属地生态环境主管部门进行查处。当地生态环境主管部门结合《管理规定》的环境违法行为类型，开展了调查取证：

（1）准备工作

①分析已掌握的自动监测数据，初步确定现场检查要点。该厂为氮氧化物监测数据异常，现场检查要点包括该厂炉温、污染物自

动监测设施运行情况和污染治理设施情况。

②人员和仪器准备。根据《中华人民共和国行政处罚法》《环境行政处罚办法》，调查人员不少于 2 人。结合初步确定的现场检查要点，本案件安排调查人员 6 人，包括现场执法组 1 组 2 人、工况检查组 1 组 2 人、自动监测数据检查组 1 组 2 人。准备仪器包括炉温热电偶检查所需的万用表、信号发生器以及开展 CEMS 设备比对监测的相关仪器。

（2）现场调查取证

调查人员出示证件后入厂检查。检查过程全程采用执法仪进行录像录音，结合拍照固定证据，检查过程有厂方人员全程陪同见证，并收集了当事人的身份证明。

①工况检查组到该厂中控室调阅了自动监控系统企业端数据，查阅了垃圾焚烧厂焚烧工况记录、炉温自动监测设备及其运行维护记录，调阅了进料记录和曲线、炉温监测曲线、相关生产记录和运行管理台账。调阅资料后，对该厂热电偶测温进行查验。

调查发现，该厂测温热电偶正常，焚烧炉运行工况稳定性较差，辅助燃料用量偏多。氮氧化物指标波动的最大值约在 200 mg/m^3。

②自动监测数据检查组到自动监测站房调阅提取了现场机的自动监测数据、自动监测设备安装及运行维护记录。

调查发现，该厂污染物自动监测设备运行参数记录异常，二氧化硫、氮氧化物的工控机量程设置小于分析仪，当氮氧化物分析仪量程显示为 300 mg/m^3 时，工控机仅显示 200 mg/m^3，即当实际排放浓度超过 200 mg/m^3 的情况下，上传至上位机的数据仅为 200 mg/m^3。

（3）证据确认和文书制作

执法人员提取了主要的相关证据，并按照《环境行政执法文书制作指南》制作了调查询问笔录、现场检查（勘察）笔录，由垃圾焚烧厂负责人员签字确认。

10 污染物超标的处罚

10.1 原文

第十条 根据本规定第六条认定为污染物排放超标的，依照《中华人民共和国大气污染防治法》第九十九条第二项的规定处罚。对一个自然月内累计超标 5 天以上的，应当依法责令限制生产或者停产整治。

垃圾焚烧厂存在下列情形之一，按照标记规则及时在自动监控系统企业端如实标记的，不认定为污染物排放超标：

（一）一个自然年内，每台焚烧炉标记为“启炉”“停炉”“故障”“事故”，且颗粒物浓度的小时均值不大于 150 mg/m^3 的时段，累计不超过 60 小时的；

（二）一个自然年内，每台焚烧炉标记为“烘炉”“停炉降温”的时段，累计不超过 700 小时的；

（三）标记为“停运”的。

10.2 要点分析

本条规定了污染物排放超标这类环境违法行为的处罚要求。污染物排放超标的认定，参见本书第 1 部分第 6 章的解读。

（1）污染物排放超标如何处罚？

污染物排放超标按照单台焚烧炉的实际环境违法天数处罚，即“哪天超标罚哪天，哪台炉超标罚哪台炉”。污染物排放超标处罚适用《中华人民共和国大气污染防治法》第九十九条第二项的规定，由县级以上人民政府生态环境主管部门责令改正或者限制生产、停产整治，并处十万元以上一百万元以下的罚款；情节严重的，报经有批准权的人民政府批准，责令停业、关闭。本条提出了依法责令限制生产或者停产整治的标准，任一焚烧炉“一个自然月内累计超标 5 天以上的，应当依法责令限制生产或者停产整治”。

（2）不认定为污染物排放超标的情形

《管理规定》列明了三种不认定为污染物排放超标的情形。若满足每种情形下的所有必要条件，则即使某项污染物自动监测数据超过了排放限值，也不认定为污染物排放超标，标记时段内的自动监测数据不参与当天污染物排放浓度自动监测日均值的计算。

情形（一）：一个自然年内，每台焚烧炉标记为“启炉”“停炉”“故障”“事故”，且颗粒物浓度的小时均值不大于 150 mg/m^3 的时段，累计不超过 60 小时的。

该情形包含了三个必要条件：

必要条件 1：“启炉”“停炉”“故障”“事故”真实发生，按照《标记规则》及时在企业端如实标记，相关记录台账资料备查。

必要条件 2：“启炉”“停炉”“故障”“事故”时段内，颗粒物浓度的小时均值不大于 150 mg/m^3。

必要条件 3：一个自然年内“启炉”“停炉”“故障”“事故”标记时长累计不超过 60 小时。

情形（二）：一个自然年内，每台焚烧炉标记为“烘炉”“停炉降温”的时段，累计不超过 700 小时的。

该情形包含了两个必要条件：

必要条件 1：“烘炉”“停炉降温”真实发生，按照《标记规则》及时在企业端如实标记，相关记录台账资料备查。

必要条件 2：一个自然年内“烘炉”“停炉降温”标记时长累计不超过 700 小时。

情形（三）：标记为“停运”的。

停运指焚烧炉停止运转，该情形包含了两个必要条件：

必要条件 1：“停运”真实发生，按照《标记规则》及时在企业端如实标记，相关记录台账资料备查。

必要条件 2：“停运”时，炉膛温度数据和烟气含氧量的自动监测数据按生态环境部办公厅《关于加强生活垃圾焚烧发电厂自动监控和监管执法工作的通知》要求采集和上传，《标记规则》进一步明确“标记为‘停运’的，烟气含氧量不应低于当地空气含氧量的 2 个百分点”。

（3）标记“停运”期间的特殊情形如何处理？

标记“停运”期间，涉及《管理规定》第十条未述及的特殊情形，例如，焚烧炉停运期间进行 CEMS 维护，是否需要标记“CEMS 维护”？是否计入 CEMS 维护 30 小时？焚烧炉停运期间进行炉膛维修或技改，影响炉温监测数据，是否需要标记“热电偶故障”或

“CEMS 维护”？焚烧炉停运期间进行动火作业，造成烟气含氧量数据低于 19%，能否仍然标记“停运”？停运工况下，含氧量数据缺失是否需要标记？如何标记？对于这些涉及自动监测数据完整性的问题，从《管理规定》的本意出发，可以按照以下原则处理：

①垃圾焚烧厂应保证自动监测数据的完整性，开展 CEMS 维护应标记“CEMS 维护”。五项常规污染物小时均值数据缺失 1 个以上或炉温 5 分钟均值缺失 1 个以上，未标记“CEMS 维护”，也未在通讯中断后 168 小时内补传的，将触发“事后处理”电子督办。理由：第一，《管理规定》第三条要求保证自动监测设备正常运行，保存原始监测记录，并确保自动监测数据的真实、准确、完整、有效。第二，《标记规则》第 4.1.5 条规定焚烧炉停止运转的时段，可标记为“停运”。标记为“停运”的，烟气含氧量不应低于当地空气含氧量的 2 个百分点。第三，生态环境部办公厅《关于加强生活垃圾焚烧发电厂自动监控和监管执法工作的通知》附件 2 要求：自动监测设备运行时段必须全覆盖焚烧炉非停运时段，不得干扰自动监测设备运行。停运周期 3 个月以内的，除自动监测设备维护外，不得停运 CEMS 设备；停运周期 3 个月以上的，需至少上传炉膛温度数据和烟气含氧量自动监测数据，且不得将烟气含氧量设置为零值、负值等不符合实际情况的数值，数据需标记为“停运”。

②垃圾焚烧厂可在停运期间开展 CEMS 维护。CEMS 维护不影响烟气含氧量数据上传的，应保持上传烟气含氧量自动监测数据。CEMS 维护造成烟气含氧量数据上传缺失的，应提前向属地生态环境主管部门报告，获准后开展，并在企业端如实标记 CEMS 维护的

持续时间。经属地生态环境主管部门认可的停运期间 CEMS 维护造成烟气含氧量数据缺失的，可不计入 CEMS 维护的“每季度 30 小时”。

③垃圾焚烧厂在停运期间开展烟道焊接等动火作业的，应尽可能避开 CEMS 氧量计，或尽可能减少对烟气含氧量数据的影响。动火作业造成烟气含氧量下降、影响判断“停运”工况的，应提前向属地生态环境主管部门报告，获准后可在相应时段仍标记“停运”。

④有条件的垃圾焚烧厂，可以考虑通过设置备用氧量计等方式，保证停运期间开展 CEMS 维护仍能上传烟气含氧量数据。

⑤垃圾焚烧厂在停运期间应保证炉温自动监测数据的完整性。在停运期间开展炉膛检修技改导致热电偶监测数据无效或缺失的，应提前向属地生态环境主管部门报告，获准后可在相应时段标记“热电偶故障”。

⑥垃圾焚烧厂应在如实标记的同时，准备相关的证明材料。生态环境部生态环境执法局将定期分析或检查数据标记的真实情况以及属地生态环境主管部门履行监管责任的情况。对于涉嫌未保证自动监测设备正常运行、虚假标记等行为的垃圾焚烧厂，将触发“事后处理”电子督办，或对其组织开展现场检查。

10.3 案例

案例 1：某垃圾焚烧厂自动监测污染物排放超标

2020 年 4 月，某垃圾焚烧厂 1 号焚烧炉自动监测数据连续 3

天出现颗粒物排放浓度小时均值超标，连续6天出现二氧化硫排放浓度小时均值超标。该市生态环境主管部门决定到该厂现场检查。

垃圾焚烧厂自述：二氧化硫小时均值排放浓度超标是因为脱酸系统异物堵塞，颗粒物小时均值排放浓度超标是因为个别布袋破损，均属于生产设备故障，已针对小时均值超标的时段在企业端进行了“故障”标记，4月标记时长累计约10小时，1号炉标记“启炉”“停炉”“故障”“事故”的累计时长已达约20小时。

该市生态环境主管部门现场检查时发现：①该垃圾焚烧厂无法提供脱酸系统堵塞和检修的佐证材料，中控系统显示脱酸系统堵塞期间脱酸剂投放量正常，二氧化硫排放浓度小时均值超标主要是该批次脱酸剂品质不稳定导致，并未发生堵塞现象，不属于故障，不应使用“故障”标记，在不对二氧化硫小时均值超标时段标记“故障”的情况下，有2天的二氧化硫排放浓度日均值超标；②1号焚烧炉烟气净化系统的布袋确有损坏，该厂能够提供现场布袋检修照片、更换下来的破损布袋等佐证材料，但布袋破损程度不严重，破损期间烟气颗粒物浓度小时均值不大于150 mg/m^3，没有违反《管理规定》第十条的规定；③该厂有关标记时长的解释属实。

结合以上情况，该市生态环境主管部门根据《管理规定》做出以下决定：①该厂在不明1号焚烧炉二氧化硫小时均值超标原因的情况下，以标记“故障”规避日均值超标，属于标记错误，责令该厂改正违法行为。②该厂1号焚烧炉二氧化硫排放日均值超标2天，依照《中华人民共和国大气污染防治法》第九十九条第二项的规定处罚，鉴于该厂属于初犯，按照违法一次罚款10万元的标准，罚款 20 万元。

此外，该市生态环境主管部门根据当地“谁执法、谁普法”的相关要求，向该厂工作人员详细宣贯了《管理规定》的相关要求。执法人员指出：①该厂以标记“故障”规避污染物超标问题的现象，可被认定为“未按标记规则虚假标记”，但鉴于属于初犯、造成的违法影响有限，故本次不处罚，仅责令改正；该厂应举一反三，加强烟气净化系统的全系统管养维护，加强对烟气净化环保耗材（氨水、石灰、活性炭）的品质管控。②该厂 1 号焚烧炉在 4 月只有 2 天二氧化硫排放日均值超标，但如果日均值超标天数≥5 天，那么按照《管理规定》第十条的规定，“对一个自然月内累计超标 5 天以上的，应当依法责令限制生产或者停产整治”。

案例 2：某垃圾焚烧厂一氧化碳排放超标

2020 年 2 月 28 日，某垃圾焚烧厂 1 号焚烧炉一氧化碳排放日均值超标 0.06 倍。经核查，该厂按当地政府要求，保障疫情期间医疗机构和隔离点生活垃圾日产日清，每日进厂的垃圾不再进行堆酵、破碎和干化处理，直接进炉焚烧，导致焚烧炉运行工况不稳定。鉴于该厂受疫情影响且超标情节轻微，当地生态环境主管部门对其一氧化碳排放超标行为做出“责令立即整改，不予处罚”的行政决定。

11 炉温不达标的处罚

11.1 原文

第十一条 垃圾焚烧厂正常工况下焚烧炉炉膛内热电偶测量温度的5分钟均值低于850℃，一个自然日内累计超过5次的，认定为“未按照国家有关规定采取有利于减少持久性有机污染物排放的技术方法和工艺”，依照《中华人民共和国大气污染防治法》第一百一十七条第七项的规定处罚。

下列情形不认定为“未按照国家有关规定采取有利于减少持久性有机污染物排放的技术方法和工艺”：

（一）因不可抗力导致焚烧炉炉膛内热电偶测量温度的5分钟均值低于850℃，提前采取了有效措施控制烟气中二噁英类污染物排放，按照标记规则标记为“炉温异常”的；

（二）标记为“停运”的。

11.2 要点分析

本条规定了炉温不达标这类环境违法行为的认定和处罚要求。炉温的要求及具体测量方法，参见本书第1部分第7章的解读。

（1）炉温不达标如何认定？

正常工况下焚烧炉炉膛内热电偶测量温度的 5 分钟均值低于 850℃，一个自然日内累计次数超过 5 次（即≥6 次），可定性为炉温不达标，认定为“未按照国家有关规定采取有利于减少持久性有机污染物排放的技术方法和工艺”。

（2）炉温不达标如何处罚？

炉温不达标按照单台焚烧炉的实际环境违法天数处罚，即“哪天不达标罚哪天，哪台炉不达标罚哪台炉”。炉温不达标的处罚适用《中华人民共和国大气污染防治法》第一百一十七条第七项规定，由县级以上人民政府生态环境等主管部门按照职责责令改正，处一万元以上十万元以下的罚款；拒不改正的，责令停工整治或者停业整治。

（3）不认定为炉温不达标的情形

《管理规定》列明了两种不认定为炉温不达标的情形。若满足每种情形下的所有必要条件，则即使一天内炉温 5 分钟均值低于 850℃的次数超过 5 次，也不认定为炉温不达标。

情形（一）：因不可抗力导致焚烧炉炉膛内热电偶测量温度的 5 分钟均值低于 850℃，提前采取了有效措施控制烟气中二噁英类污染物排放，按照标记规则标记为“炉温异常”的。该情形包含了两个必要条件：

必要条件 1：不可抗力真实发生。《中华人民共和国民法典》中所指的“不可抗力”是指不能预见、不能避免且不能克服的客观情况。据此，“不可抗力”需同时符合不能预见、不能避免、不能克服三大特征。不可抗力的主要情形包括：自然灾害，如台风、洪水、冰雹等；政府行为，如征收、征用等；社会异常事件，如罢工、骚乱等。

常见的不符合“不可抗力”特征的情况包括垃圾热值偏低、垃圾水分偏高、垃圾给料不连续、垃圾出渣口堵塞等情况，这些情况不属于“不能预见、不能避免并不能克服的客观情况”，不应标记“炉温异常”。焚烧炉给料装置、出渣装置、辅助燃烧器、水冷壁/卫燃带等硬件设计无法满足炉温达标的需要时，应及时开展技术改造；如焚烧炉运行过程中未能实现预期功能，应视为运行故障。

常见的符合“不可抗力”特征的情况包括：

①外部供电突然中断。《生活垃圾焚烧处理工程技术规范》（CJJ 90—2009）第 9.2.2 条规定：“垃圾焚烧发电厂至少应有一条与电网连接的双向受、送电线路，当该线路故障时，应有能够保证安全停机和启动的内部电源或其他外部电源。”考虑到《管理规定》实施后，一些垃圾焚烧厂没有提前预见外部供电中断对自动监测数据达标的影响，没有严格按照行业标准设置备用线路，还有一些垃圾焚烧厂位置偏僻，难以接入两路供电线路，所以因外部供电线路跳闸导致全厂断电，继而导致自动监测数据缺失或无效的垃圾焚烧厂，若能提供县级以上供电部门出具的证明，证明垃圾焚烧厂确实没有接入多路供电线路的条件且供电线路跳闸不属于垃圾焚烧厂的责任，则可认定为不可抗力，可标记“炉温异常”，但应要求垃圾焚烧厂尽快增加备用供电线路。

②突发的气象灾害导致垃圾热值和焚烧工况发生较大改变。如

果垃圾焚烧厂确实位于政府有关部门发布的冰冻、降雨等气象灾害应急响应公告［参见行业标准《重大气象灾害应急响应启动等级》（QX/T 116—2018）］涉及的地区，垃圾热值和焚烧工况确实受到了冰冻、降雨等气象灾害的影响，可标记“炉温异常”。

③进厂垃圾成分和热值发生改变。地方政府临时要求处理污泥、填埋场陈年垃圾、灾害垃圾等影响垃圾热值的物质，或临时要求增加此类物质的处理量，且此类物质不在该垃圾焚烧厂设计文件/环评文件范围内的，在县级以上地方政府或生态环境主管部门提供相应证明文件的前提下，可视为不可抗力，可标记“炉温异常”。但是，如果垃圾焚烧厂设计文件/环评文件中已明确说明处理污泥、填埋场陈年垃圾、灾害垃圾等物质，且这些物质的处理量没有突破设计文件/环评文件中的允许处理量，则不符合“不可抗力”不能预见、不能避免、不能克服的三大特征，不能以不可抗力为理由标记“炉温异常”。

必要条件 2：提前采取了有效措施控制烟气中二噁英类污染物排放，按照《标记规则》标记为“炉温异常”。《标记规则》进一步明确，标记为“炉温异常”的，应备注炉膛温度异常的原因以及提前采取控制烟气污染物排放的有效措施（如加强垃圾预处理、启动辅助燃烧器、加大活性炭喷入量等），并保存运维记录和台账资料备查。

情形（二）：标记为“停运”的。

“停运”指焚烧炉停止运转。该情形包含了两个必要条件：

必要条件 1：“停运”真实发生，按照《标记规则》及时在企业端如实标记，相关记录台账资料备查。

必要条件 2："停运"时，炉膛温度数据和烟气含氧量的自动监测数据按生态环境部办公厅《关于加强生活垃圾焚烧发电厂自动监控和监管执法工作的通知》要求采集和上传，《标记规则》进一步明确"标记为'停运'的，烟气含氧量不应低于当地空气含氧量的 2 个百分点"。

11.3 案例

案例 1：某垃圾焚烧厂多次炉温不达标

2020 年 4 月，某垃圾焚烧厂 1 号焚烧炉多次因炉温不达标触发"事后处理"电子督办。该厂自述炉温不达标的原因是给料装置堵塞导致垃圾给料不稳定，继而造成炉温不稳定。该厂称已在企业端标记了"炉温异常"，但无法提供给料装置堵塞和检修的佐证材料，而且中控系统显示炉温异常记录期间给料装置运行指标正常。面对当地环境执法人员的质询，该厂又称炉温不达标是因为近段时间降雨偏多，入炉垃圾含水率较高导致垃圾热值偏低造成的，因此标记为"炉温异常"。

当地生态环境主管部门认为：①垃圾给料装置故障属于设备运行故障，应及时检修，不构成"不可抗力"的条件；②近段时间虽然降雨偏多，但符合该地区的正常气候特点，当地气象部门也未发布气象灾害预警或应急响应通知，不构成"不可抗力"的条件；③每天出现 6～10 次炉温 5 分钟均值低于 850℃，符合炉温不达标的认定条件。

结合以上情况，当地生态环境主管部门根据《管理规定》做出以下决定：①认定该厂 1 号焚烧炉炉温不达标问题属实，以标记“炉温异常”规避炉温不达标问题，属于标记错误，给予警告处罚，同时责令其改正违法行为。②该厂 1 号焚烧炉炉温不达标 5 天，即有 5 天“未按照国家有关规定采取有利于减少持久性有机污染物排放的技术方法和工艺”，依照《中华人民共和国大气污染防治法》第一百一十七条第七项的规定处罚，鉴于该厂属于初犯，按照违法一次罚款 1 万元的标准，罚款 5 万元。

此外，当地生态环境主管部门根据“谁执法、谁普法”的相关要求，向该厂工作人员详细宣贯了《管理规定》的相关要求：①该厂以标记“炉温异常”规避炉温不达标问题的现象，可以被认定为“未按标记规则虚假标记”，但鉴于该厂属于初犯、造成的违法影响有限，故本次仅给予警告，并责令改正。②影响炉温不达标的情况不属于“不能预见、不能避免并不能克服的客观情况”，不应标记“炉温异常”。焚烧炉给料装置、出渣装置、辅助燃烧器、水冷壁/卫燃带等硬件设计无法满足炉温达标的需要，应及时开展技术改造；如焚烧炉运行过程中未能实现预期功能，应视为运行故障。

案例 2：某固废处理有限公司炉温不达标

某固废处理有限公司 2020 年 1 月 4 日 2 号焚烧炉炉膛内热电偶测量温度（简称炉温）的 5 分钟均值不达标 6 次，1 月 7 日 1 号焚烧炉炉温 5 分钟均值不达标 6 次、2 号焚烧炉炉温 5 分钟均值不达标 13 次。按照《管理规定》，自 2020 年 1 月 1 日起，将炉温 5 分钟均值低于 850℃、一个自然日内累计超过 5 次作为处罚依据。经核查，该公司炉温不达标情况属实，当地生态环境主管部门根据《管理规定》，认定该公司“未按照国家有关规定采取有利于减少持久性有机污染物排放的技术方法和工艺”，并依照《中华人民共和国大气污染防治法》第一百一十七条规定，对该公司分别处以 4 万元、7 万元、9 万元罚款。

案例 3：某环保电力有限公司炉温不达标

某环保电力有限公司 2020 年 1 月 14 日 1 号焚烧炉炉温 5 分钟均值不达标 10 次。经核查，该公司炉温不达标情况属实，当地生态环境主管部门根据《管理规定》认定该公司“未按照国家有关规定采取有利于减少持久性有机污染物排放的技术方法和工艺”，并依照《中华人民共和国大气污染防治法》第一百一十七条规定，对该公司处以 1.5 万元罚款。

12　未保证自动监测设备正常运行的处罚

12.1　原文

第十二条　垃圾焚烧厂违反本规定第三条第三款，导致自动监测数据缺失或者无效的，认定为“未保证自动监测设备正常运行”，依照《中华人民共和国大气污染防治法》第一百条第三项的规定处罚。

下列情形不认定为“未保证自动监测设备正常运行”：

（一）在一个季度内，每台焚烧炉标记为“烟气排放连续监测系统（CEMS）维护”的时段，累计不超过 30 小时的；

（二）标记为“停运”的。

12.2　要点分析

本条规定了未保证自动监测设备正常运行的处罚要求。关于保证自动监测设备正常运行的要求，具体参见本书第 1 部分第 3 章的解读。

（1）什么是自动监测数据“缺失”或“无效”？

所谓自动监测数据“缺失”，是指没有保证自动监测数据在长时间序列上的完整性。《管理规定》第十二条要求，“在一个季度内，每台焚烧炉标记为‘烟气排放连续监测系统（CEMS）维护’的时段，累计不超过30小时”。对于自动监测数据来说，五种常规污染物浓度数据的数据粒度是小时均值，需保证全年非“停运”期间常规污染物有效小时均值的数量满足《管理规定》第十二条的要求；炉温数据粒度是炉温5分钟均值，需要保证全年非“停运”期间有效炉温5分钟均值的数量满足《管理规定》第十二条的要求。例如，2020年第一季度有91天，某焚烧炉期间标记“停运”40小时，则该焚烧炉需要保证在2020年第一季度有91×24−40−30=2 114个有效的污染物小时均值，以及2 114×12=25 368个有效的炉温5分钟均值。此外，用于保存原始数据的储存介质有足够的容量，发生通讯中断导致自动监测数据无法报送至生态环境主管部门时，应在通讯恢复后补传自动监测数据。若迟迟不补传缺失的自动监测数据，则事实上破坏了自动监测数据的完整性。

所谓自动监测数据“无效”，是指没有保证自动监测设备在规定有效期内正常运行，或生成的自动监测数据不符合相关技术指标要求。这是因为《固定污染源烟气（SO_2、NO_x、颗粒物）排放连续监测技术规范》中定义的“CEMS 正常运行”，不包括设备检测器污染、设备故障、设备校准等期间的运行，以及设备未经定期校准、定期校验等期间的运行。

对于常规污染物浓度来说，根据《固定污染源烟气（SO_2、NO_x、颗粒物）排放连续监测技术规范》《固定污染源烟气（SO_2、NO_x、颗粒物）排放连续监测系统技术要求及检测方法》《污染物在线监控（监测）系统数据传输标准》，有效的小时均值是指整点 1 小时内不少于 45 分钟的有效分钟数据的算术平均值。常规污染物的分钟数据有效，意味着 CEMS 设备此前已定期校准和定期校验，且在生成分钟数据的时间内，CEMS 正常运行，检测器未污染，CEMS 设备未发生故障。例如，如果 1 小时内有 16 分钟的污染物数据因为 CEMS 设备校准零点漂移而被标记为“M 维护保养”，只有 44 分钟的污染物数据被标记为“N 系统各检测参数正常”，则相应的小时均值无效。

对于炉温来说，根据《标记规则》中炉膛温度的定义（以焚烧炉炉膛内热电偶测量温度的 5 分钟平均值计，即焚烧炉炉膛内中部和上部两个断面各自热电偶测量温度中位数算术平均值的 5 分钟平均值），每 5 分钟内至少需要有一组上部断面、中部断面的热电偶测量温度，才能得到有效的炉温 5 分钟均值。例如，如果 9：00—9：05 的 5 分钟内，焚烧炉上部断面的 3 支热电偶同时失效，则导致这 5 分钟内的炉温 5 分钟均值计算失去意义，造成相应的炉温 5 分钟均值缺失。

垃圾焚烧厂发现自动监测数据缺失或无效时，应及时排查原因，并根据下列情形进行处理：

①如属于数据传输网络临时故障，且原始数据可以补传，应标记“通讯中断”，在修复后补传数据并如实标记。标记“通讯中断”后，及时补传数据，未实质性破坏自动监测数据完整性的，不属于《管理规定》第十二条的处罚情形。生态环境主管部门设备或外部网络传输故障等非垃圾焚烧厂原因导致的数据缺失或无效，也不属

于《管理规定》第十二条的处罚情形。

②如属于自动监测设备故障，应及时检修并在重点排污单位自动监控系统企业端标记“CEMS 维护”，计入每季度 30 小时豁免时间。

③如属于个别热电偶故障导致的数据异常，应对该热电偶标注“热电偶故障”并及时维护更换。热电偶故障引发部分测点数据无效或缺失，如未导致炉温 5 分钟均值缺失，不认定为炉温数据缺失。

④如炉温测点原始数据因为数据采集存储、DCS 故障等导致炉温 5 分钟均值出现缺失，且无法补传，可标记“CEMS 维护”，计入每季度 30 小时豁免时间。

⑤部分垃圾焚烧厂使用两台数采仪分别采集炉温数据和烟气常规污染物自动监测数据，还有一些数采仪并未严格按照《污染物在线监控（监测）系统数据传输标准》等标准和生态环境部有关要求及时升级，为不影响数据采集传输和企业端平台准确标记，不符合规范的垃圾焚烧厂应尽快改造。

（2）“未保证自动监测设备正常运行”如何处罚？

“未保证自动监测设备正常运行”的处罚适用《中华人民共和国大气污染防治法》第一百条第三项规定，由县级以上人民政府生态环境主管部门责令改正，处二万元以上二十万元以下的罚款；拒不改正的，责令停产整治。

（3）不认定为“未保证自动监测设备正常运行”的情形

《管理规定》列明了两种不认定为“未保证自动监测设备正常运行”的情形。

情形（一）：在一个季度内，每台焚烧炉标记为“烟气排放连续监测系统（CEMS）维护”的时段，累计不超过 30 小时的。该情形包含了两个必要条件：

必要条件 1：“CEMS 维护”真实发生。《标记规则》规定：CEMS 校准、故障、检修以及数采仪故障、检修的时段，可标记为“CEMS 维护”。标记为“CEMS 维护”的，应同时备注维护的类型，并简要描述维护过程，保存运行维护记录备查。

必要条件 2：每季度每台焚烧炉标记为“CEMS 维护”的时段不超过 30 小时。

情形（二）：标记为“停运”的。该情形包含了两个必要条件：

必要条件 1：“停运”真实发生，按照《标记规则》及时在企业端如实标记，相关记录台账资料备查。

必要条件 2：“停运”时，炉膛温度数据和烟气含氧量自动监测数据按生态环境部办公厅《关于加强生活垃圾焚烧发电厂自动监控和监管执法工作的通知》要求采集和上传，《标记规则》进一步明确“标记为‘停运’的，烟气含氧量不应低于当地空气含氧量的 2 个百分点”。

12.3 案例

案例 1：某垃圾焚烧厂未保证自动监测设备正常运行

某市生态环境主管部门对某垃圾焚烧厂开展执法检查，发现该厂 1 号焚烧炉 2020 年第一季度标记“CEMS 维护”时长累计已超过 30 小时。该市生态环境主管部门进一步核对不属于“CEMS 维护”期间的自动监测数据，发现自动监测数据中颗粒物、二氧化硫、含氧量、烟气温度、烟气湿度等指标频繁出现零值。经调查，该厂委托第三方公司运维自动监测设备，第三方公司认为该厂自动监测设备老旧、故障率高，建议该厂更新自动监测设备，但该厂以没有列入年度预算为由不予办理。第三方公司勉强运维，CEMS 长期运行异常。

该市生态环境主管部门认为该厂没有及时对 1 号焚烧炉自动监测设备进行维修或更换，导致 2020 年第一季度“CEMS 维护”标记时长累计超过 30 小时，根据《管理规定》第十二条，认定为“未保证自动监测设备正常运行”，依照《中华人民共和国大气污染防治法》第一百条第三项的规定处罚，责令改正，通过维修、更换等形式使自动监测设备符合相关技术要求，并处 5 万元罚款。

案例 2：某垃圾焚烧厂以手工监测代替自动监测

某垃圾焚烧厂 1 号焚烧炉 2020 年 2 月 1 日出现 CEMS 故障，该厂拟停运 1 号炉以检修维护 CEMS，但属地政府为了保障新冠疫情防控期间的生活垃圾无害化处置能力，发文要求该厂不得停运 1 号炉。3 月 10 日，该地疫情防控等级下降，属地政府不再强制规定该厂的垃圾处理负荷。该厂决定停运 1 号炉检修 CEMS，3 月 12 日，该厂 1 号炉 CEMS 检修完成，同日夜间 1 号焚烧炉启动运行。3 月 18 日 17：00 起，1 号炉 CEMS 再次发生故障，该厂为了保证本年度垃圾焚烧发电计划不受影响，自行决定边运行焚烧炉、边检修 CEMS，其间的烟气污染物排放情况使用手工方式监测，每天随机监测 1 个小时的污染物浓度小时均值。到 3 月 22 日 17：00，1 号炉 CEMS 检修完成、恢复正常，其间共出具 4 天的手工监测数据（4 个小时的污染物浓度小时均值），标记“CEMS 维护”92 小时。

当地生态环境主管部门认为：垃圾焚烧厂应当保证自动监测设备正常运行，确保自动监测数据的真实、准确、完整、有效。根据《管理规定》第十二条，该厂 1 号焚烧炉标记“CEMS 维护”92 小时的行为属于“未保证自动监测设备正常运行”，依照《中华人民共和国大气污染防治法》第一百条第三项的规定处罚，责令改正，并处以 10 万元罚款。

13 逃避监管的处罚

13.1 原文

第十三条 垃圾焚烧厂通过下列行为排放污染物的，认定为“通过逃避监管的方式排放大气污染物”，依照《中华人民共和国大气污染防治法》第九十九条第三项的规定处罚：

（一）未按照标记规则虚假标记的；

（二）篡改、伪造自动监测数据的。

13.2 要点分析

本条规定了垃圾焚烧厂逃避监管的认定标准和处罚要求。垃圾焚烧厂应满足的监管要求可参见本书第 1 部分第 3 章、第 4 章、第 5 章的解读。

（1）逃避监管如何处罚？

逃避监管适用《中华人民共和国大气污染防治法》第九十九条第三项的规定，由县级以上人民政府生态环境主管部门责令改正或者限制生产、停产整治，并处十万元以上一百万元以下的罚款；情节严重的，报经有批准权的人民政府批准，责令停业、关闭。

（2）何为虚假标记？

《标记规则》规定了“烘炉”“启炉”“停炉”“停炉降温”“停运”“故障”“事故”7 种焚烧炉工况标记适用情形，以及“烟气排放连续监测系统维护”“通讯中断”“炉温异常”“热电偶故障”4 种自动监测异常标记适用情形。凡未按照《标记规则》进行标记的，一经查实，将依照《中华人民共和国大气污染防治法》第九十九条第三项的规定处罚。常见的虚假标记情形包括：通过滥用“炉温异常”“热电偶故障”等标记以逃避炉温考核监管；通过肆意缩减“启炉”标记时长而没有确保标记“烘炉”期间不向炉内投入垃圾等手段来减少“启炉”标记的累计时长；通过肆意缩减“停炉”时长而没有确保标记“停炉降温”前炉内垃圾已燃尽等手段来减少“停炉”标记的累计时长。

（3）何为篡改、伪造自动监测数据？

①篡改、伪造炉膛温度自动监测数据。

生态环境部办公厅《关于加强生活垃圾焚烧发电厂自动监控和监管执法工作的通知》规定：垃圾焚烧厂焚烧炉炉膛内热电偶测量温度信号传输、检测、显示的过程中，只应补偿热电偶参比端的环境温度，不应随意设置补偿温度；炉膛内热电偶温度进行查验时的现场测量值与中控系统显示上传值之间的偏差不应大于±14.0℃。违反上述要求，导致炉膛温度自动监测数据与真实情况不符的，例如，通过主观故意增加参比端（冷端）补偿温度的方式增大热电偶测温显示值，则可能被认定为篡改、伪造炉膛温度自动监测数据。炉膛温度自动监测设备年久失修，导致炉膛温度自动监测数据与真实情况不符的，则可能被认定为未保障自动监测设备正常运行。

②篡改、伪造颗粒物、氮氧化物、二氧化硫、氯化氢、一氧化碳等污染物及其相关烟气参数自动监测数据。

生态环境部办公厅《关于加强生活垃圾焚烧发电厂自动监控和监管执法工作的通知》规定：垃圾焚烧厂的烟气排放连续监测系统联网指标应至少包括烟气中颗粒物、氮氧化物、二氧化硫、氯化氢、一氧化碳和烟气参数（温度、压力、流速/流量、湿度、含氧量）。联网数据传输需按照《污染物在线监控（监测）系统数据传输标准》正常传输实时数据、分钟数据、小时数据、日数据。

原环境保护部印发的《环境监测数据弄虚作假行为判定及处理办法》（环发〔2015〕175号）给出了环境监测数据弄虚作假行为的判定方法。

《污染源自动监控设施现场监督检查办法》列举了篡改、伪造自动监测数据的行为：

——违反技术规范，通过稀释、吸附、吸收、过滤等方式处理监控样品的；

——不按照技术规范的要求，对仪器、试剂进行变动操作的；

——违反技术规范的要求，对污染源自动监控系统功能进行删除、修改、增加、干扰，造成污染源自动监控系统不能正常运行，或者对污染源自动监控系统中存储、处理或者传输的数据和应用程序进行删除、修改、增加的操作的；

——其他欺骗现场监督检查人员，掩盖真实排污状况的行为。

（4）《中华人民共和国大气污染防治法》第九十九条之外的处罚——行政拘留。《中华人民共和国环境保护法》第六十三条规定：“企业事业单位和其他生产经营者有下列行为之一，尚不构成犯罪的，除依照有关法律法规规定予以处罚外，由县级以上人民政府环境保护主管部门或者其他有关部门将案件移送公安机关，对其直接负责的主管人员和其他直接责任人员，处十日以上十五日以下拘留；情节较轻的，处五日以上十日以下拘留。”其中第三项为“通过暗管、渗井、渗坑、灌注或者篡改、伪造监测数据，或者不正常运行防治污染设施等逃避监管的方式违法排放污染物的”。《公安部、工业和信息化部、环境保护部、农业部、国家质量监督检验检疫总局关于印发〈行政主管部门移送适用行政拘留环境违法案件暂行办法〉的通知》（公治〔2014〕853 号）进一步指出：《中华人民共和国环境保护法》第六十三条第三项规定的通过篡改、伪造监测数据等逃避监管的方式违法排放污染物，是指篡改、伪造用于监控、监测污染物排放的手工及自动监测仪器设备的监测数据，包括以下情形：①违反国家规定，对污染源监控系统进行删除、修改、增加、干扰，或者对污染源监控系统中存储、处理、传输的数据和应用程序进行删除、修改、增加，造成污染源监控系统不能正常运行的；②破坏、损毁监控仪器站房、通信线路、信息采集传输设备、视频设备、电力设备、空调、风机、采样泵及其他监控设施的，以及破坏、损毁监控设施采样管线，破坏、损毁监控仪器、仪表的；③稀释排放的污染物故意干扰监测数据的；④其他致使监测、监控设施不能正常运行的情形。

——触犯刑法。见本书第 1 部分第 16 章。

13.3 案例

案例 1：某垃圾焚烧厂虚假标记“CEMS 维护”

某垃圾焚烧厂 3 号废气排放口监控点 2020 年 1 月 6 日 12：00—12：59 的颗粒物折算浓度显示超标，该时段平台显示为“CEMS 维护”标记，与在线监控显示情况一致。当地生态环境主管部门执法人员最终查明该厂自动监控系统 2020 年 1 月 6 日 12：00—12：59 时段 3 号炉颗粒物数据出现超标时，运维公司工作人员未在现场做 CEMS 维护保养，而该厂在平台上 CEMS 数据标记一栏中填报“CEMS 维护”，未按照自动监测数据标记规定而标记。该行为违反了《管理规定》第四条第一款的规定和《中华人民共和国大气污染防治法》第二十条第二款“禁止通过偷排、篡改或者伪造监测数据、以逃避现场检查为目的的临时停产、非紧急情况下开启应急排放通道、不正常运行大气污染防治设施等逃避监管的方式排放大气污染物”的规定。

当地生态环境主管部门根据《中华人民共和国大气污染防治法》第九十九条第三项和《管理规定》第十三条第一项的规定，责令该垃圾焚烧厂改正违法行为并对其处以罚款。

案例 2：某垃圾焚烧厂虚假标记“烘炉”

2020 年 6 月，某市生态环境主管部门对某垃圾焚烧厂开展执法检查时发现，该厂 2 号炉 5 月 20 日以来有 6 次工况异常标记，但是“启炉”“停炉”“故障”标记每次仅为 5 分钟。调取相关数据发现，该厂 2 号炉 5 月 16 日以来，每次“烘炉”标记期间的最末 2～3 小时，在炉温仅 500～600℃时均开始投入垃圾，违背了《标记规则》中第 4.1.1 条“在未投入垃圾的情况下，用辅助燃烧器将炉膛温度升至 850℃以上的时段，可标记为‘烘炉’”的相关要求。证据包括相关 DCS 曲线等。该厂书面承认为了节约“启炉”“停炉”“故障”标记时间，没有按照《标记规则》去如实标记。

该市生态环境主管部门根据《管理规定》第十三条，认定该垃圾焚烧厂“通过逃避监管的方式排放大气污染物”，依照《中华人民共和国大气污染防治法》第九十九条第三项的规定处罚，责令改正并罚款 20 万元。

案例 3：某垃圾焚烧厂篡改、伪造自动监测数据以逃避监管

2020 年 3 月，某市生态环境主管部门对某垃圾焚烧厂开展执法检查，发现该垃圾焚烧厂主观故意修改了烟气 CEMS 设备的斜率、截距、折算系数、速度场系数等参数，导致自动监测数据严重失真。

该市生态环境主管部门根据《管理规定》第十三条，认定该垃圾焚烧厂“通过逃避监管的方式排放大气污染物”，依照《中华人民共和国大气污染防治法》第九十九条第三项的规定处罚，责令停产整治并处以罚款。

14 依法分别处罚

14.1 原文

第十四条 垃圾焚烧厂任一焚烧炉出现污染物排放超标，或者未按照国家有关规定采取有利于减少持久性有机污染物排放的技术方法和工艺的情形，持续数日的，按照其违法的日数依法分别处罚；不同焚烧炉分别出现上述违法情形的，依法分别处罚。

14.2 要点分析

（1）按违法天数处罚

《管理规定》第十四条“按照其违法的日数依法分别处罚”的要求，明确了按违法天数分别处罚的原则，即“哪天超标罚哪天”。

（2）按炉处罚

《管理规定》第十四条“不同焚烧炉分别出现上述违法情形的，依法分别处罚”的要求，明确了按炉处罚的原则，即“哪台焚烧炉污染物超标罚哪台炉、哪台焚烧炉炉温不达标罚哪台炉”。

需要指出的是，《生活垃圾焚烧污染控制标准》第5.4条规定：“每台生活垃圾焚烧炉必须单独设置烟气净化系统并安装烟气在线监测装置，处理后的烟气应采用独立的排气筒排放；多台生活垃圾焚烧炉的排气筒可采用多筒集束式排放。”如果垃圾焚烧厂不按照此要求为每台焚烧炉设置单独的烟气污染物排放自动监测设备，而是让多台焚烧炉共用一套烟气污染物排放自动监测装置，那么既不符合《管理规定》第三条和第十二条的要求，也会让自动监控系统将共用自动监测设备的多台焚烧炉视作一台焚烧炉，对于垃圾焚烧厂是不利的。

14.3 案例

某垃圾焚烧厂多个污染物指标超标排放被分别处罚

某垃圾焚烧厂 2020 年 5 月自动监测数据出现两次超标问题：5 月 15 日，2 号焚烧炉二氧化硫日均值为 107 mg/m^3（超过标准限值 80 mg/m^3）；5 月 22 日，2 号焚烧炉颗粒物日均值为 32.2 mg/m^3（超过标准限值 20 mg/m^3）。

当地生态环境主管部门认为，该垃圾焚烧厂 2 号焚烧炉的二氧化硫、颗粒物自动监测日均值数据均超过《生活垃圾焚烧污染控制标准》的相应污染物 24 小时均值限值，根据《管理规定》第六条的规定，认定为污染物排放超标。由于二氧化硫、颗粒物排放超标分别出现在 15 日、22 日，各持续 1 日，因此，当地生态环境主管部门按照《管理规定》第十四条，污染物排放超标“持续数日的，按照其违法的日数依法分别处罚”，以及《中华人民共和国大气污染防治法》第九十九条第二项，责令该厂改正超标排污行为，并对 2 号焚烧炉 15 日二氧化硫超标排放行为罚款 10 万元，对该焚烧炉 22 日颗粒物超标排放行为罚款 10 万元。该垃圾焚烧厂共被罚款 20 万元。

15 合并现场调查

15.1 原文

第十五条 垃圾焚烧厂 5 日内多次出现污染物超标排放，或者未按照国家有关规定采取有利于减少持久性有机污染物排放的技术方法和工艺的情形的，生态环境主管部门执法人员可以合并开展现场调查，分别收集每个违法行为的证据，分别制作行政处罚决定书或者列入同一行政处罚决定书。

15.2 要点分析

自动监测数据实时上传使得数据可追溯，为合并开展现场调查创造了有利条件，所以生态环境主管部门不需要一发现垃圾焚烧厂污染物超标或炉温不达标就马上组织开展现场调查。《管理规定》第十五条明确了合并现场调查的时间节点，即 5 日内多次（≥2 次）出现污染物超标或炉温不达标的情形。该规定使得执法人员有较充足的时间研判问题和组织执法力量，有利于违法问题的现场查处。

15.3 案例

主管部门对某垃圾焚烧厂多日违法行为合并开展现场调查

某垃圾焚烧厂1号焚烧炉2020年5月收到污染源监控中心发送的“事后处理”电子督办单3条，分别为：5月3日有7次炉温5分钟均值低于850℃，5月5日有6次炉温5分钟均值低于850℃，5月6日氮氧化物日均值为280 mg/m^3（超过24小时均值限值250 mg/m^3）。

当地生态环境主管部门对此合并开展现场调查，发现：①5月3日、5月5日的炉温低于850℃现象属实，依据收集的相关违法行为证据，认定为“未按照国家有关规定采取有利于减少持久性有机污染物排放的技术方法和工艺”，应依照《中华人民共和国大气污染防治法》第一百一十七条第七项的规定处罚；②1号焚烧炉用于烟气氮氧化物净化的SNCR装置早已损坏、未运行，现场对1号焚烧炉进行执法监测，监测结果为氮氧化物排放质量浓度1小时均值为310 mg/m^3，执法人员收集了相关的违法行为证据，认定为污染物排放超标，应依照《中华人民共和国大气污染防治法》第九十九条第二项的规定处罚。

16 追究刑事责任的情形

16.1 原文

第十六条 篡改、伪造自动监测数据或者干扰自动监测设备排放污染物，涉嫌构成犯罪的，生态环境主管部门应当依法移送司法机关，追究刑事责任。

16.2 要点分析

（1）犯罪行为及其法律责任

《最高人民法院、最高人民检察院关于办理环境污染刑事案件适用法律若干问题的解释》（法释〔2016〕29 号）第一条和第十条指出，篡改、伪造自动监测数据触犯刑法，同时构成污染环境罪和破坏计算机信息系统罪的，依照处罚较重的规定定罪处罚；从事环境监测设施维护、运营的人员实施或者参与实施篡改、伪造自动监测数据、干扰自动监测设施、破坏环境质量监测系统等行为的，应当从重处罚。《中华人民共和国刑法》对污染环境罪的判罚为“严重污染环境的，处三年以下有期徒刑或者拘役，并处或者单处罚金；后果特别严重的，处三年以上七年以下有期徒刑，并处罚金”；对破坏计算机信息系统罪的判罚为“后果严重的，处五年以下有期徒刑或者拘役；后果特别严重的，处五年以上有期徒刑”。

（2）单位犯罪及刑事责任

最高人民法院、最高人民检察院、公安部、司法部、生态环境部《关于办理环境污染刑事案件有关问题座谈会纪要》（高检会〔2019〕3 号）指出：“为了单位利益，实施环境污染行为，并具有下列情形之一的，应当认定为单位犯罪：①经单位决策机构按照决策程序决定的；②经单位实际控制人、主要负责人或者授权的分管负责人决定、同意的；③单位实际控制人、主要负责人或者授权的分管负责人得知单位成员个人实施环境污染犯罪行为，并未加以制止或者及时采取措施，而是予以追认、纵容或者默许的；④使用单位营业执照、合同书、公章、印鉴等对外开展活动，并调用单位车辆、船舶、生产设备、原辅材料等实施环境污染犯罪行为的。”单位犯罪中的“直接负责的主管人员”，一般是指对单位犯罪起决定、批准、组织、策划、指挥、授意、纵容等作用的主管人员，包括单位实际控制人、主要负责人或者授权的分管负责人、高级管理人员等；“其他直接责任人员”，一般是指在直接负责的主管人员的指挥、授意下积极参与实施单位犯罪或者对具体实施单位犯罪起较大作用的人员。

《最高人民法院、最高人民检察院关于办理环境污染刑事案件适用法律若干问题的解释》第十一条指出：“单位实施本解释规定的犯罪的，依照本解释规定的定罪量刑标准，对直接负责的主管人员和其他直接责任人员定罪处罚，并对单位判处罚金。”《中华人民共和国刑法》第二百八十六条对破坏计算机信息系统罪的判罚中指出："单位犯前三款罪的，对单位判处罚金，并对其直接负责的主管人员和其他直接责任人员，依照第一款的规定处罚。"

（3）环境污染犯罪行为认定

最高人民法院、最高人民检察院、公安部、司法部、生态环境部《关于办理环境污染刑事案件有关问题座谈会纪要》给出了主观过错认定的条件。该纪要指出：①判断犯罪嫌疑人、被告人是否具有环境污染犯罪的故意，应当依据犯罪嫌疑人、被告人的任职情况、职业经历、专业背景、培训经历、本人因同类行为受到行政处罚或者刑事追究情况以及污染物种类、污染方式、资金流向等证据，结合其供述，进行综合分析判断。②重污染天气预警期间，违反国家规定，超标排放二氧化硫、氮氧化物，受过行政处罚后又实施上述超标排放行为或者具有其他严重情节的，可以适用《最高人民法院、最高人民检察院关于办理环境污染刑事案件适用法律若干问题的解释》第一条第十八项规定的"其他严重污染环境的情形"追究刑事责任。

16.3 案例

案例 1：某垃圾焚烧厂干扰自动监测设施

某市生态环境主管部门对某垃圾焚烧厂进行检查时发现，该厂废气排放筒在线取样平台上方有焊接痕迹，通过进一步检查自动监测废气取样管发现，取样管上套装了一根管道直通地面配电及维修间，并连接了气泵和石灰储罐。

经查，该厂通过气泵将石灰和气体喷入废气在线自动监测取样管，使二氧化硫、氯化氢等污染物浓度降低。当地环境监测部门对拆除违法设施前后的排放口废气进行了采样监测，拆除前二氧化硫排放质量浓度 1 小时均值为 5.7 mg/m^3，与当时的自动监测数据相差不大，拆除后二氧化硫排放质量浓度 1 小时均值为 113.2 mg/m^3，与拆除前的数据相差很大。在收集了相关的环境违法行为证据后，该市生态环境主管部门确定该厂实施了干扰自动监测设备并排放二氧化硫等污染物的行为，属于《最高人民法院、最高人民检察院关于办理环境污染刑事案件适用法律若干问题的解释》第一条第七项列出的违法行为，适用《中华人民共和国刑法》第三百三十八条对“严重污染环境”的规定，应追究刑事责任，处三年以下有期徒刑或者拘役，并处或者单处罚金。同时，前述环境违法行为属于“干扰采样，致使监测数据严重失真”，可认定为破坏计算机信息系统罪。调查取证后，当地生态环境主管部门将该厂生产副总等相关人员共 5 人依法移送司法机关。

案例 2：某垃圾焚烧厂工作人员修改自动监测设备量程

某垃圾焚烧厂环保专工罗某因担心烟气污染物排放浓度超标，在该厂废气自动监测设备站房内篡改 CEMS 二氧化硫浓度量程、一氧化氮浓度量程、含氧量量程等自动监测设备参数，致使上传到污染源监控中心的传输数据折算浓度变小。罗某实施前述行为后，该厂一直排放二氧化硫、氮氧化物等污染物，直到当地生态环境主管部门现场检查时才被发现。

调查取证后，当地生态环境主管部门对该垃圾焚烧厂下发责令（限期）改正决定书，并将该案移送司法机关。

17 联动政策

17.1 原文

第十七条 垃圾焚烧厂因污染物排放超标等环境违法行为被依法处罚的，应当依照国家有关规定，核减或暂停拨付其国家可再生能源电价附加补贴资金。

17.2 要点分析

本条为联动政策的规定。经济优惠政策与环保监管政策联动，《管理规定》明确：垃圾焚烧厂因污染物排放超标等环境违法行为被依法处罚的，应当依照国家有关规定，核减或暂停拨付其国家可再生能源电价附加补贴资金。

（1）可再生能源电价附加补贴及扣减政策

国家发展和改革委员会2005年11月发布的《可再生能源产业发展指导目录》（发改能源〔2005〕2517号）将“城市固体垃圾发电（包括燃烧发电和填埋场沼气发电）”纳入生物质能发电范畴。《国家发展改革委关于完善垃圾焚烧发电价格政策的通知》（发改价格〔2012〕801号）、《国家发展改革委关于调整可再生能源电价附加标准与环保电价有关事项的通知》（发改价格〔2013〕1651 号）等文件明确了垃圾焚烧可再生能源补贴的核算方法。

2020 年，垃圾焚烧可再生能源补贴的核算方法进行了大幅度调整。财政部、国家发展和改革委员会、国家能源局印发《关于促进非水可再生能源发电健康发展的若干意见》（财建〔2020〕4 号）以及修订后的《可再生能源电价附加资金管理办法》（财建〔2020〕5 号），指出：①财政部按照以收定支的原则向电网企业和省级财政部门拨付可再生能源发电项目补助资金；②针对享受补助资金的可再生能源发电项目，按照新增项目和存量项目区别对待，凡符合条件的存量项目均纳入补贴清单，新增补贴项目规模由新增补贴收入决定；③明确兑付主体责任，确保及时兑付；④全面推行“绿证”，鼓励金融机构给予信贷支持。

《财政部、生态环境部关于核减环境违法垃圾焚烧发电项目可再生能源电价附加补助资金的通知》（财建〔2020〕199 号）指出：“国家发展改革委、国家能源局、财政部需适时对项目开展核查，核查结果将作为补贴发放的重要依据。核查结果不合格的项目，电网企业应暂停发放补贴。”该文件的主要内容包括：①明确了垃圾焚烧发电项目纳入补贴清单、拨付补贴资金的必要条件。一是垃圾焚烧发电项目须依法依规完成“装、树、联”，才能纳入补贴清单；二是垃圾焚烧发电项目须依法依规完成“装、树、联”且自动监测数据向社会公开，才能拨付补贴资金，未公开自动监测数据期间的补贴资金需进行核减；三是 2020 年 6 月 30 日前已纳入补贴清单，但未完成“装、树、联”的垃圾焚烧发电项目，需暂停拨付补贴资金，待满足前述两个必要条件后方可拨付。②明确了垃圾焚烧发电项目发生环境违法行为时，补贴资金核减、暂停拨付和恢复拨付的要求。一是某台焚烧炉发生五项常规污染物日均值超标或炉温不达标的行为，且所在企业被处罚，应核减这台焚烧炉超标当日的补贴资金；二是某台焚烧炉一个自然月内出现上述违法情形 3 次以上，且所在企业被处罚，则取消这台焚烧炉该月的补贴资金，同时暂停拨付补贴资金；三是焚烧炉补贴资金暂停拨付后，需要连续 30 日监测数据达标方可恢复拨付。③明确了垃圾焚烧发电项目被移出补贴清单的情形。一是移出清单仅适用于篡改、伪造自动监测数据的垃圾焚烧发电项目；二是移出清单的时间节点为公安、生态环境主管部门做出行政处罚决定或人民法院判决生效之日（指篡改、伪造自动监测数据的事实已被立案处罚，且被处罚企业对此无异议不进行复议）；三是被移出清单的垃圾焚烧发电项目自移出之日起 3 年内不得再纳入补贴清单。④确定了电网企业和当地生态环境主管部门、发展改革部门信息共享和协调联动机制。一是电网企业向当地生态环境主管部门、发展改革部门提供纳入补贴的项目清单和基本情况，并按季度向生态环境主管部门申请获取清单内项目行政处罚情况；二是当地生态环境主管部门应向电网企业抄送清单内项目环境违法行为的处罚决定；三是电网企业根据处罚决定核减或暂停拨付补贴资金，并与垃圾焚烧发电项目结算。⑤落实了生态环境部、财政部和电网企业等的主要职责。生态环境部按季度将各地垃圾焚烧发电项目环境违法行为处罚情况函告财政部。财政部将据此与各电网企业进行结算。

（2）如何确定某台焚烧炉某天的发电量？

某台焚烧炉某天发电量的确定，存在两种情形：

情形一，焚烧炉独占发电机组。典型的如，一台焚烧炉配一台发电机组，两台焚烧炉配两台发电机组，三台焚烧炉配三台发电机组……每台发电机组每天的上网电量（上网电量 = 总发电量 − 厂用电量）有计量措施，可通过查询计量设备记录或相关台账获得。

情形二，焚烧炉共享发电机组。典型的如，两台焚烧炉配一台发电机组（俗称“两炉一机”），三台焚烧炉配两台发电机组（俗称“三炉两机”）等。这种情形需要使用蒸汽负荷平摊法：焚烧炉有 N 台，发电机组有 M 台，第 i 台（i=1，…，N）焚烧炉某天送给第 j 台（j=1，…，M）发电机组发电的蒸汽量为 X_{ij}（需折算到额定蒸汽参数，可从垃圾焚烧厂 DCS 系统中获取），M 台发电机组当天的上网电量为 Y，则第 i 台焚烧炉当天的上网电量 Y_i 为：

$$Y_i = Y \times \frac{\sum_{j=1}^{M} X_{ij}}{\sum_{i=1}^{N}\sum_{j=1}^{M} X_{ij}}$$

综上所述，在核减存在环境违法行为的焚烧炉某天的电价补贴时，应注意：①核减电价补贴应以上网电量为基准；②某台焚烧炉某天的上网电量通常难以直观获取，需结合垃圾焚烧发电厂的设备配置、运维记录进行综合计算。

（3）垃圾焚烧厂环境违法行为对税收优惠的影响

垃圾焚烧厂享受的税收优惠政策包括三个方面：

①增值税优惠政策。根据《财政部、国家税务总局关于印发〈资

源综合利用产品和劳务增值税优惠目录〉的通知》（财税〔2015〕78 号），以垃圾为燃料生产电力或者热力时，垃圾用量占发电燃料的比重不低于 80%并且生产排放达到《火电厂大气污染物排放标准》（GB 13223—2011）或《生活垃圾焚烧污染控制标准》规定的技术要求，实行增值税即征即退政策，退税比例为 100%。该通知同时规定，已享受增值税即征即退政策的纳税人因违反环境保护的法律法规受到处罚（警告或单次 1 万元以下罚款除外）的，自处罚决定下达的次月起 36 个月内，不得享受增值税即征即退政策。

②企业所得税优惠政策。《中华人民共和国企业所得税法实施条例》第八十八条规定："企业所得税法第二十七条第（三）项所称符合条件的环境保护、节能节水项目，包括公共污水处理、公共垃圾处理、沼气综合开发利用、节能减排技术改造、海水淡化等。项目的具体条件和范围由国务院财政、税务主管部门商国务院有关部门制订，报国务院批准后公布施行。企业从事前款规定的符合条件的环境保护、节能节水项目的所得，自项目取得第一笔生产经营收入所属纳税年度起，第一年至第三年免征企业所得税，第四年至第六年减半征收企业所得税。"简言之，垃圾焚烧电厂企业所得税实行"三免、三减半"的优惠政策。

③环境保护税暂予免征政策。在环境保护税征收方面，根据《中华人民共和国环境保护税法》，依法设立的污水集中处理、生活垃圾集中处理场所排放相应应税污染物，不超过国家和地方规定的排放标准的；纳税人综合利用的固体废物，符合国家和地方环境保护标准的，暂予免征环境保护税。

从以上税收优惠政策可以看出，垃圾处理费、上网电价、可再生能源电价附加补贴、税收优惠等是垃圾焚烧厂的主要经济收入来源。当垃圾焚烧企业因污染物排放超标等环境违法行为被依法处罚，从而核减或暂停拨付其国家可再生能源电价附加补贴资金时，将直接影响垃圾焚烧厂主要经济收入。同时，企业增值税相关优惠政策规定，已享受增值税即征即退政策的纳税人因违反环境保护的法律法规受到处罚（警告或单次 1 万元以下罚款除外）的，自处罚决定下达的次月起 36 个月内，不得享受增值税即征即退政策，此条规定直接影响企业现金流量，会对企业的经营、盈利能力造成不利影响。

17.3 案例

某垃圾焚烧发电厂因违反环境保护的法律法规受处罚，影响相关税收优惠待遇

某垃圾焚烧发电厂因公众多次投诉，当地生态环境主管部门调查取证后，根据《中华人民共和国大气污染防治法》中相关规定，对该垃圾焚烧厂处以 1 万元罚款，并责令其限期整改。

随后，当地税务、发改等政府部门对该厂进行了整体评判，认为根据《财政部、国家税务总局关于印发〈资源综合利用产品和劳务增值税优惠目录〉的通知》第四条的规定，已享受增值税即征即退政策的纳税人因违反环境保护的法律法规受到处罚（警告或单次 1 万元以下罚款除外）的，自处罚决定下达的次月起 36

个月内，不得享受增值税即征即退政策；此外，其他优惠政策（如可再生能源发电补贴、企业所得税优惠政策等）同时参照相关规定，予以部分暂停。该垃圾焚烧厂因违反环保相关法规受到 1 万元的行政处罚，进而导致后续以千万元计的税收优惠和可再生能源发电补贴收入遭受影响，对该厂的经营、盈利能力以及现金流量均造成不利影响。

18 标记规则

18.1 原文

第十八条 生活垃圾焚烧发电厂自动监测数据标记规则由生态环境部另行制定。

18.2 要点分析

本条是为自动监测数据标记规则制定的规定。《标记规则》由生态环境部另行制定，施行时间早于《管理规定》。《标记规则》属于规范性文件，因被规章《管理规定》引用而具有法律上的强制效力。

（1）《标记规则》的制定基础

《标记规则》中引用了《生活垃圾焚烧污染控制标准》（GB 18485）、《固定污染源烟气（SO_2、NO_x、颗粒物）排放连续监测技术规范》（HJ 75）、《污染物在线监控（监测）系统数据传输标准》（HJ 212）、《生活垃圾焚烧厂运行维护与安全技术标准》（CJJ 128）。以上标准、规范均未注日期，其最新版本适用于《标记规则》，因此，需充分研读相关政策、标准及规范等文件的管理要求及内容细则，随时关注相关依据等文件的更新，以更好地应对日益精细化的管理要求。

（2）谁应该懂《标记规则》？

垃圾焚烧厂管理人员及操作员工均应了解《管理规定》《标记规则》的要求，一线操作员工，尤其是环保专工/主管、热控专工/主管、值长/运行主管等人员更应熟知《管理规定》《标记规则》的具体细节。垃圾焚烧厂应围绕《管理规定》《标记规则》的要求，及时调整企业管理策略，细化规章制度。垃圾焚烧厂管理人员应带头遵守《管理规定》《标记规则》，在企业内部树立正确的导向，不应以“从严监管”的名义在企业内部实施“苛政”。垃圾焚烧厂应借助贯彻《管理规定》《标记规则》的契机，切实提升企业的精细化管理水平，以增强企业的竞争力。

属地生态环境主管部门有关工作人员均应了解《管理规定》《标记规则》的要求，一线执法人员更应熟知《管理规定》《标记规则》的具体细节。执法人员应在日常监管中督促垃圾焚烧厂履行企业的主体责任，贯彻落实《管理规定》《标记规则》的各项要求，做到科学精准监管；在检查执法中对照《管理规定》《标记规则》的具体细节，查严查实，发现环境违法行为时，根据《管理规定》《标记规则》以及相应的上位法，构建完整的证据链条，提高环境行政执法能力和水平。

19 解释权限

19.1 原文

第十九条 本规定由生态环境部负责解释。

19.2 要点分析

本条为关于解释权限的规定。《管理规定》在环境保护法律法规体系中的地位属于生态环境部的部门规章，生态环境部作为国务院生态环境行政主管部门，在其职权范围内负责《管理规定》的解释工作。具体可参见本书第 1 部分第 1 章。

20 生效日期

20.1 原文

第二十条 本规定自 2020 年 1 月 1 日起施行。

20.2 要点分析

本条为关于生效日期的规定。《管理规定》于 2019 年 10 月 11 日由生态环境部部务会议审议通过，2019 年 11 月 21 日公布，自 2020 年 1 月 1 日起施行。此外，2020 年 1 月 2 日起，垃圾焚烧厂烟气等五项常规污染物和炉膛温度的自动监测数据实时向社会公开（见图 1-20-1），接受公众监督。

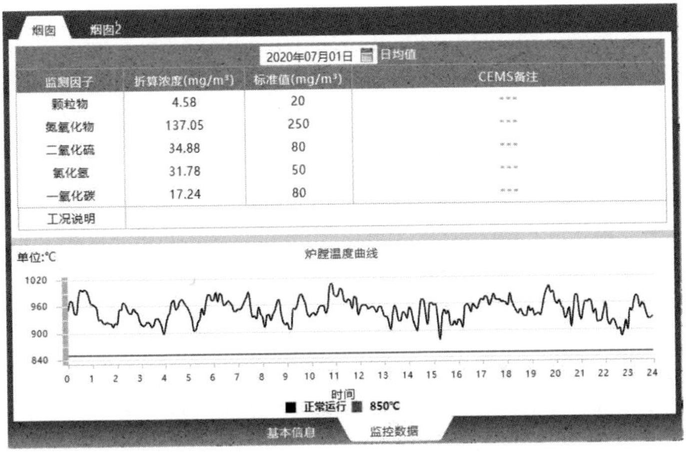

图 1-20-1 生活垃圾焚烧发电厂自动监测数据公开平台中某垃圾焚烧厂的数据信息

第 2 部分

《生活垃圾焚烧发电厂自动监测数据标记规则》解读

1 适用范围

1.1 原文

本规则规定了生活垃圾焚烧发电厂（以下简称垃圾焚烧厂）根据焚烧炉和自动监控系统运行情况，如实标记自动监测数据的规则。

本规则适用于投入运行的垃圾焚烧厂。只焚烧不发电的生活垃圾焚烧厂参照执行。

1.2 要点分析

本条为关于适用范围的规定。本规定的适用对象为投入运行的以焚烧方式集中处理生活垃圾并使用余热发电的生活垃圾焚烧发电厂，仅焚烧不发电的生活垃圾焚烧厂可参照执行。

（1）如何界定是否如实标记自动监测数据？

根据《生活垃圾焚烧污染控制标准》，垃圾焚烧厂运行期间，应建立运行情况记录制度，如实记载运行管理情况。根据《生活垃圾焚烧厂运行维护与安全技术标准》（CJJ 128—2017），垃圾焚烧厂必须严格执行“两票三制”（即工作票、操作票，交接班制、巡回检查制、设备定期试验切换制)。垃圾焚烧厂相关操作记录应妥善保存，根据实际情况对自动监测数据进行标记。

(2)“投入运行”如何界定?

见本书第 1 部分第 2.2 节。

2 规范性引用文件

2.1 原文

《生活垃圾焚烧污染控制标准》(GB 18485);

《固定污染源烟气（SO_2、NO_x、颗粒物）排放连续监测技术规范》(HJ 75);

《污染物在线监控（监测）系统数据传输标准》(HJ 212);

《生活垃圾焚烧厂运行维护与安全技术标准》(CJJ 128)。

2.2 要点分析

本条为关于规范性引用文件的规定。通过引用《生活垃圾焚烧污染控制标准》《固定污染源烟气（SO_2、NO_x、颗粒物）排放连续监测技术规范》《污染物在线监控（监测）系统数据传输标准》《生活垃圾焚烧厂运行维护与安全技术标准》，将相关技术内容纳入《标记规则》中，成为《标记规则》的一部分。以上标准、规范均未注日期，因此其最新版本适用于《标记规则》。

有关炉温自动监测的原理、技术要求、查验方法，可参见本书附录 A 和附录 B；有关污染物排放自动监测系统的原理和技术要求，可参见本书附录 E；有关自动监测数据传输的原理和要求，可参见本书附录 F。

3 术语及定义

3.1 原文

下列术语及定义适用于本规则。

（1）自动监控系统

自动监控系统，由垃圾焚烧厂的自动监测设备和生态环境主管部门的监控设备组成。

自动监测设备安装在垃圾焚烧厂现场，包括用于连续监控监测污染物排放的仪器、流量（速）计、采样装置、生产或治理设施运行记录仪、数据采集传输仪（以下简称数采仪）、烟气参数或炉膛温度等运行参数的监测设备、视频监控或污染物排放过程（工况）监控等仪表和传感器设备。

生态环境主管部门的监控设备通过通信传输线路与现场端自动监测设备联网，包括用于对垃圾焚烧厂实施自动监控的信息管理平台、计算机机房硬件等设备。

（2）自动监测数据

自动监测设备运行时产生的数据。

（3）数据标记

垃圾焚烧厂利用“重点排污单位自动监控系统企业端”（以下简称企业端）等工具，按照本规则对每台焚烧炉工况、自动监测异常进行标记的操作。

（4）炉膛温度

以焚烧炉炉膛内热电偶测量温度的5分钟平均值计，即焚烧炉炉膛内中部和上部两个断面各自热电偶测量温度中位数算术平均值的5分钟平均值。

3.2 要点分析

（1）自动监控系统的建设要求

《标记规则》明确规定了自动监控系统由垃圾焚烧厂的自动监测设备和生态环境主管部门的监控设备组成。自动监测设备及其配套设施属于环境保护设施，应当与主体工程同时设计、同时施工、同时投入使用。根据《生活垃圾焚烧污染控制标准》和生态环境部办公厅《关于加强生活垃圾焚烧发电厂自动监控和监管执法工作的通知》，垃圾焚烧厂在投入运行时应当完成“装、树、联”，接受生态环境主管部门监管，不得以环境保护设施、自动监测设备未验收为由长期不实施联网。

建设自动监控系统应符合下列要求：

①自动监测设备应当选用经生态环境主管部门认定的环境监测仪器检测机构的适用性检测合格的产品；

②数据采集和传输符合国家有关污染源在线自动监控（监测）

系统数据传输和接口标准的技术规范；

③自动监测设备应安装在符合环境保护规范要求的排污口；

④按照国家有关环境监测技术规范，环境监测仪器的比对监测应当合格。

（2）自动监测设备的运行、维护和管理要求

①应当符合《固定污染源烟气（SO_2、NO_x、颗粒物）排放连续监测技术规范》《固定污染源烟气（SO_2、NO_x、颗粒物）排放连续监测系统技术要求及检测方法》等技术规范的要求；

②定期进行比对监测，以确保监测数据真实、准确；

③建立自动监测设备的运行、维护记录；

④自动监测设备发生故障时，应当及时检修并报告属地生态环境主管部门。

（3）自动监测数据涵盖的范围

安装在垃圾焚烧厂现场的自动监测设备（俗称现场机）运行时产生的数据主要包括：用于连续监控监测污染物排放的仪器、流量（速）计、采样装置、生产或治理设施运行记录仪、数采仪、烟气参数或炉膛温度等运行参数的监测设备、视频监控或污染物排放过程（工况）监控等仪表和传感器设备运行时产生的数据。

垃圾焚烧厂自动监测数据具体包括：①五项常规污染物（二氧化硫、氮氧化物、颗粒物、一氧化碳、氯化氢）的实测浓度值及折算浓度值；②焚烧炉炉膛内上部、中部和下部断面各测点的热电偶温度值及冷端补偿温度值；③相关工艺参数，如烟气温度、压力、流速或流量、湿度、含氧量和炉膛内温度等；④上述自动监测设备

运行中产生的其他相关数据。自动监控系统及其运行产生的数据如图 2-3-1 所示。

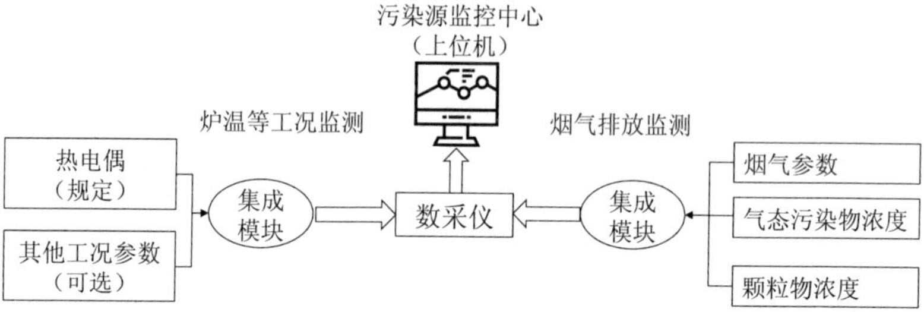

图 2-3-1 垃圾焚烧厂自动监控系统

（4）《标记规则》中的“数据标记”与《固定污染源烟气（SO_2、NO_x、颗粒物）排放连续监测技术规范》中“数据状态标记”的异同

《标记规则》中的“数据标记”是指垃圾焚烧厂利用企业端等工具，按照《标记规则》对每台焚烧炉工况、自动监测异常进行标记的操作，俗称“手工标记”；《固定污染源烟气（SO_2、NO_x、颗粒物）排放连续监测技术规范》附录 H 中的“数据状态标记”是指 CEMS 在分钟数据报表和小时数据报表的数据组后面给出的 CEMS 系统和（或）污染源运行状态的标记，俗称“自动标记”。

相同点：①“数据标记”“数据状态标记”都是对自动监测数据给出“注解”，以更好地理解和判断自动监测数据的真实物理意义；②两种标记中都有针对焚烧炉“启炉”“停炉”“停运”的标记选项，都有针对自动监测设备“校准”“维护保养”“系统故障”的标记选项。

不同点：①法律效力不同。《标记规则》中的“数据标记”被《管理规定》明确引用，法律效力强，而《固定污染源烟气（SO_2、NO_x、颗粒物）排放连续监测技术规范》中的“数据状态标记”未被法律法规明确引用，法律效力弱。②侧重点不同。《标记规则》中的“数据标记”侧重于垃圾焚烧厂运行与污染物排放全过程，而《固定污染源烟气（SO_2、NO_x、颗粒物）排放连续监测技术规范》中的“数据状态标记”只针对自动监测数据。③标记类型不同。《标记规则》中的“数据标记”分为两大类 11 小类，为垃圾焚烧厂生产运行所定制，适应性强，而《固定污染源烟气（SO_2、NO_x、颗粒物）排放连续监测技术规范》中的“数据状态标记”含有 10 种标记，没有区分主工艺段的工作状态和自动监测系统的工作状态，与垃圾焚烧厂生产工艺的适应性差。④人为影响程度不同。《标记规则》中的“数据标记”是在重点排污单位自动监控与基础数据库系统企业端进行标记，对于工况异常、热电偶故障、炉温异常等状态的判断和标记仍以手工操作为主，因此受人为影响多，而《固定污染源烟气（SO_2、NO_x、颗粒物）排放连续监测技术规范》中的“数据状态标记”是 CEMS 系统在分钟数据报表和小时数据报表的数据组后面给出 CEMS 系统及污染源运行状态标记，其中与 CEMS 运行状态相关的标记由 CEMS 设备自动完成，因此，受人为影响较少。

（5）数据标记的责任主体

垃圾焚烧厂属于重点排污单位，是安装使用自动监测设备的责任主体，对自动监测数据的真实性、准确性、完整性、有效性负责；垃圾焚烧厂也是数据标记的责任主体。

数据标记以每台焚烧炉为单位，针对焚烧炉工况或自动监测系统、数据出现故障、异常等进行标记。标记操作应严格按照《标记规则》如实进行，否则可根据《管理规定》第十三条认定为“通过逃避监管的方式排放大气污染物”。

（6）炉温 5 分钟均值的计算方法

炉温 5 分钟均值的计算方法，见本书第 1 部分第 7.2 节。

（7）热电偶测量温度的一般要求

热电偶测量温度的相关要求，见本书第 1 部分第 7.2 节。有关炉温自动监测的原理、技术要求、查验方法，可参见本书附录 A 和附录 B。

4 数据标记内容及要求

4.1 原文

（1）焚烧炉工况标记

一般情况下，焚烧炉工况呈现为：正常运行—停炉—停炉降温—（停运）—烘炉—启炉—正常运行。启炉、正常运行和停炉时，炉膛温度不应低于 850℃。

焚烧炉工况标记包括“烘炉”“启炉”“停炉”“停炉降温”“停运”“故障”“事故”等 7 种标记。

①在未投入垃圾的情况下，用辅助燃烧器将炉膛温度升至 850℃以上的时段，可标记为“烘炉”。

标记为“烘炉”的，一般情况下，炉膛温度起点应低于 400℃；当“烘炉”的前序标记为“停炉降温”、“故障”或“事故”时，允许炉膛温度起点高于 400℃。

标记为“烘炉”的，一般情况下，每次时长不应超过 12 小时；炉内耐火材料修复或改造后，每次时长不应超过 168 小时。

②完成烘炉后，投入垃圾至工况稳定，且炉膛温度保持在 850℃以上的时段，可标记为“启炉”。

标记为“启炉”的，每次时长不应超过 4 小时。

③停止向焚烧炉投入垃圾至炉膛内垃圾完全燃尽，且炉膛温度保持在 850℃以上的时段，可标记为“停炉”。

④焚烧炉炉膛内垃圾完全燃尽后，炉膛温度继续降低的时段，可标记为“停炉降温”。

标记为“停炉降温”的，一般情况下，炉膛温度应从 850℃以上降至 400℃以下；当“停炉降温”的后序标记为“烘炉”时，允许该标记时段结束时炉膛温度高于 400℃。

⑤焚烧炉停止运转的时段，可标记为“停运”。

标记为“停运”的，烟气含氧量不应低于当地空气含氧量的 2 个百分点。

⑥焚烧炉发生故障或事故的时段，可标记为“故障”或“事故”。

标记为“故障”或“事故”的，每次时长不应超过 4 小时，并简要描述故障或事故起因。

⑦垃圾焚烧厂在企业端未做上述标记的，焚烧炉视为正常运行。

（2）自动监测异常标记

自动监测异常标记包括“烟气排放连续监测系统维护”（以下简称 CEMS 维护）、“通讯中断”、“炉温异常”和“热电偶故障”等 4 种标记。

①CEMS 校准、故障、检修以及数采仪故障、检修的时段，可标记为“CEMS 维护”。

标记为“CEMS 维护”的，应同时备注维护的类型，并简要描述维护过程，保存运行维护记录备查。

②网络故障、通讯设备故障等原因导致数据无法报送至生态环境主管部门的时段，可标记为“通讯中断”。

标记为“通讯中断”的，应在通讯恢复后补传自动监测数据。

③正常运行时，因不可抗力导致焚烧炉炉膛温度低于 850℃的时段，可标记为“炉温异常”。

标记为“炉温异常”的，应备注炉膛温度异常的原因以及提前采取控制烟气污染物排放的有效措施（如加强垃圾预处理、启动辅助燃烧器、加大活性炭喷入量等），并保存运维记录和台账资料备查。

④因热电偶结焦、损坏等情况导致热电偶测量温度不能反映实际温度的时段，可标记为“热电偶故障”。

标记为“热电偶故障”的，应备注故障测点位置、故障原因、维修或更换过程，保存运行维护记录和台账备查。

⑤垃圾焚烧厂在企业端未做上述标记的，自动监测数据视为有效。

4.2 要点分析

（1）焚烧炉工况标记对于炉膛温度的要求

①“启炉”、“正常运行”和“停炉”期间，炉膛温度不应低于 850℃。

②标记为“烘炉”的，一般情况下，炉膛温度起点应低于 400℃；当“烘炉”的前序标记为“停炉降温”、“故障”或“事故”时，允许炉膛温度起点高于 400℃。

③标记为“停炉降温”的，一般情况下，炉膛温度应从 850℃以上降至 400℃以下，即“停炉降温”起始时间点的炉膛温度应为 850℃以上；当“停炉降温”的后序标记为“烘炉”时，允许该标记时段结束时炉膛温度高于 400℃。

（2）焚烧炉工况标记对于焚烧炉垃圾投放的要求

①“烘炉”“停炉”“停炉降温”“停运”期间焚烧炉不能投入垃圾。

a. 在未投入垃圾的情况下，用辅助燃烧器将炉膛温度升至 850℃以上的时段，可标记为“烘炉”。在标记“烘炉”期间向焚烧炉炉膛内投入垃圾，不符合《标记规则》的要求，可根据《管理规定》第十三条认定为“通过逃避监管的方式排放大气污染物”。

b. 停止向焚烧炉投入垃圾至炉膛内垃圾完全燃尽，且炉膛温度保持在 850℃以上的时段，可标记为“停炉”。

c. 焚烧炉炉膛内垃圾完全燃尽后，炉膛温度继续降低的时段，可标记为“停炉降温”。

d. 焚烧炉停止运转的时段，可标记为“停运”。

②“启炉”即焚烧炉开始投入垃圾。

完成烘炉后，投入垃圾至工况稳定，且炉膛温度保持在 850℃以上的时段，可标记为“启炉”，“启炉”标记的起始时间点应为焚烧炉开始投入垃圾的时间点。

（3）焚烧炉工况标记对于时间的要求

根据《管理规定》第十条第二款，垃圾焚烧厂存在下列情形之一，按照标记规则及时在自动监控系统企业端如实标记的，不认定为污染物排放超标：

①一个自然年内，每台焚烧炉标记为“启炉”“停炉”“故障”“事故”，且颗粒物质量浓度的小时均值不大于 150 mg/m^3 的时段，累计不超过 60 小时。“启炉”“停炉”“故障”“事故”对于时间的控制要求如下：

a. 标记为“启炉”的，每次时长不应超过 4 小时。

b. 标记为“故障”或“事故”的，每次时长不应超过 4 小时。当“故障”时长超过 4 小时，垃圾焚烧厂应进行停炉检修，并同时标记“停炉”或“停炉降温”，超出的时间一并纳入 60 小时内；若一次“故障”时长超过 4 小时，仍标记为“故障”的，超出时间将导致污染物排放超标、炉温不达标等违法风险。焚烧炉给料装置、烟气产生后的净化装置无法实现其预设的功能，能在 4 小时内解决的，可标记“故障”或“事故”；烟气净化系统故障无法及时修复导致污染物直排的，应进行停炉检修。

c. 停止向焚烧炉投入垃圾至炉膛内垃圾完全燃尽的时间段，标记为“停炉”，即“停炉”的计时起点为停止向焚烧炉投入垃圾，终点为炉膛内垃圾完全燃尽。如果停炉、停炉降温等异常工况时出现 CEMS 故障或数采仪故障，需要标记 “CEMS 维护”，标记时长计入《管理规定》第十二条所指的每季度“30 小时”；如果不标记，视为数据有效。

②一个自然年内，每台焚烧炉标记为“烘炉”“停炉降温”的时段，累计不超过 700 小时。“烘炉”“停炉降温”对于时间的控制要求如下：

a. 标记为“烘炉”的，一般情况下，每次时长不应超过 12 小时；炉内耐火材料修复或改造后，每次时长不应超过 168 小时。有的垃圾焚烧厂检修或更换设备后，需要进行所谓的“煮炉”操作，“煮炉”操作所需时间较长，但应符合“炉内耐火材料修复或改造后，每次时长不应超过 168 小时”的要求。

b. 标记为“停炉降温”的，一般情况下，炉膛温度应从 850℃以上降至 400℃以下，即“停炉降温”的计时起点炉膛温度为 850℃以上，终点炉膛温度低于 400℃。

（4）焚烧炉工况标记对于烟气参数的要求

标记为“停运”的，烟气含氧量不应低于当地空气含氧量的 2 个百分点。有时，垃圾焚烧厂会在标记“停运”期间开展设备检修等操作。停运期间开展 CEMS 维护造成烟气氧含量数据上传缺失的，应提前向属地生态环境主管部门报告，获准后开展，并在企业端如实标记“CEMS 维护”的持续时间。经属地生态环境主管部门认可的停运期间开展 CEMS 维护造成烟气含氧量数据缺失的，可不计入《管理规定》第十二条所指的每季度“30 小时”。此外，垃圾焚烧厂在标记“停运”期间开展烟道焊接等动火作业的，应尽可能避开 CEMS 氧量计，或尽可能减少对烟气含氧量数据的影响。动火作业造成烟气含氧量下降、影响判断“停运”工况的，应提前向属地生态环境主管部门报告，获准后可在相应时段仍标记“停运”。

（5）常见的焚烧炉工况标记序列

①垃圾焚烧厂启动过程的标记序列示例。

可标记为：停运（烟气含氧量不应低于当地空气含氧量的 2 个

百分点）—烘炉（未投入垃圾的情况下，将炉膛温度从 400℃以下升至 850℃以上的时段）—启炉（投入垃圾至工况稳定，每次时长不应超过 4 小时，炉膛温度保持高于 850℃）—正常运行。

②垃圾焚烧厂停止过程的标记序列示例。

可标记为：正常运行—停炉（停止向焚烧炉投入垃圾至炉膛内垃圾完全燃尽，炉膛温度保持高于 850℃）—停炉降温（焚烧炉炉膛内垃圾完全燃尽后，炉膛温度继续降低的时段，炉膛温度应从 850℃以上降至 400℃以下）—停运（烟气含氧量不应低于当地空气含氧量的 2 个百分点）。

一般情况下，在没有出现故障或事故的状态下，焚烧炉工况呈现为：正常运行—停炉—停炉降温—停运—烘炉—启炉—正常运行。

③垃圾焚烧厂发生故障或事故并及时完成检修恢复正常的标记序列示例。

a. 恢复正常工况时间没有超过 4 小时，可标记为：正常运行—故障或事故—正常运行。

b. 恢复正常工况时间超过 4 小时，但 4 个小时内已完成故障或事故检修，炉膛温度低于 850℃，可标记为：正常运行—故障或事故—烘炉（未投入垃圾的情况下，将炉膛温度从 400℃以下升至 850℃以上的时段）—启炉（投入垃圾至工况稳定，每次时长不应超过 4 小时，炉膛温度保持高于 850℃）—正常运行。

c. 恢复正常工况时间超过 4 小时，但故障或事故检修时间可预计，可标记为：正常运行—故障或事故—停炉（停止向焚烧炉投入垃圾至炉膛内垃圾完全燃尽，炉膛温度保持高于 850℃）—停炉降温（焚烧炉炉膛内垃圾完全燃尽后，炉膛温度继续降低的时段，炉膛温度应从 850℃以上降至 400℃以下）—烘炉（未投入垃圾的情况下，将炉膛温度从 400℃以下升至 850℃以上的时段）—启炉（投入垃圾至工况稳定，每次时长不应超过 4 小时，炉膛温度保持高于 850℃）—正常运行。

④垃圾焚烧厂发生故障或事故无法及时修复的标记序列示例。

a. 故障或事故检修时间超过 4 小时无法及时修复，可标记为：正常运行—故障或事故—停炉（停止向焚烧炉投入垃圾至炉膛内垃圾完全燃尽，炉膛温度保持高于 850℃）—停炉降温（焚烧炉炉膛内垃圾完全燃尽后，炉膛温度继续降低的时段，炉膛温度应从 850℃以上降至 400℃以下）—停运（烟气含氧量不应低于当地空气含氧量的 2 个百分点）。

b. 故障或事故抢修时间超过 4 小时，且故障或事故导致炉温低于 850℃，无法及时修复，可标记为：正常运行—故障或事故—停炉降温（焚烧炉炉膛内垃圾完全燃尽后，炉膛温度继续降低的时段，炉膛温度应从 850℃以上降至 400℃以下）—停运（烟气含氧量不应低于当地空气含氧量的 2 个百分点）。停运后及时清除炉膛内垃圾，以保证下一次启动时标记“烘炉”期间炉膛内无垃圾。

（6）自动监测异常标记要点

①“CEMS 维护”的类型和时间控制要求。

CEMS 校准、故障、检修以及数采仪故障、检修的时段，可标记为“CEMS 维护”。标记为“CEMS 维护”的，应同时备注维护的类型，并简要描述维护过程，保存运行维护记录备查。《固定污染源烟气（SO_2、NO_x、颗粒物）排放连续监测技术规范》规定的 CEMS 日常维护保养、定期校准校验包括：备件或材料更换，量程漂移和零点漂移的定期校准、比对监测和准确度定期校验等。

《管理规定》第十二条规定，每台焚烧炉每个季度标记为“CEMS 维护”的时段，累计不超过 30 小时。

②自动监测数据缺失或无效该如何标记？

“CEMS 维护”“通讯中断”“热电偶故障”“炉温异常”都可能会出现数据无效或缺失的情况，垃圾焚烧厂应分析具体情况，按照《标记规则》选择标记。

a. “CEMS 维护”导致自动监测数据缺失或无效。

CEMS 故障、检修以及数采仪故障、检修期间，导致自动监测数据缺失或无效的，应标记“CEMS 维护”，计入《管理规定》第十二条所指的每季度“30 小时”。因数据采集存储、DCS 故障等造成炉温测点原始数据缺失，从而导致炉温 5 分钟均值出现缺失，且无法补传的，可标记“CEMS 维护”，计入《管理规定》第十二条所指的每季度“30 小时”，同时应及时解决数据采集、存储、传输的故障问题。

b. “通讯中断”导致自动监测数据缺失或无效。

生态环境主管部门的上位机故障、外部网络传输故障等非垃圾焚烧厂原因导致自动监测数据缺失或无效，可标记为“通讯中断”，且应在通讯恢复后补传自动监测数据。

c. “热电偶故障”导致自动监测数据缺失或无效。

热电偶故障导致炉温测点数据缺失或无效，应标注“热电偶故障”并及时维护更换，如何使用“热电偶故障”标记见附录 D。

d. “炉温异常”导致自动监测数据缺失或无效。

有关何为“不可抗力”以及如何规范使用“炉温异常”标记，见本书第 1 部分第 11.2 节。

4.3 案例

案例 1：某垃圾焚烧厂虚假标记“热电偶故障”

某垃圾焚烧厂 1 号焚烧炉炉膛温度测点各热电偶均正常运行，但是为了掩盖炉温实际不达标的情况，将炉温低于 850℃但正常运行的热电偶标记“热电偶故障”，导致该测点温度不纳入炉温 5 分钟均值计算。

经查实，当地生态环境主管部门根据《管理规定》第十三条，认定该垃圾焚烧厂为“通过逃避监管的方式排放大气污染物”，依照《中华人民共和国大气污染防治法》第九十九条第三项的规定处罚，责令其改正并罚款。

如果该垃圾焚烧厂没有虚假标记“热电偶故障”，且该厂正常工况下一个自然日内炉温 5 分钟均值低于 850℃的情形累计出现≥6 次，则能被认定为“未按照国家有关规定采取有利于减少持久性有机污染物排放的技术方法和工艺”，依照《中华人民共和国大气污染防治法》第一百一十七条第七项的规定实施处罚。炉温不达标针对单台焚烧炉的实际违法天数进行核定，按实际违法天数处罚。

如果该厂同时符合“虚假标记”和“炉温不达标”的问题特征，则可同时按虚假标记逃避监管和炉温不达标进行处罚。

案例 2：某垃圾焚烧厂虚假标记“通讯中断”

某垃圾焚烧厂因为 1 号焚烧炉炉温常低于 850℃，故在炉温偏低时人为中断热电偶数据传输，并虚假标记“通讯中断”，没有进行数据补传，意图逃避监管。经查实，当地生态环境主管部门根据《管理规定》第十三条，认定该垃圾焚烧厂为“通过逃避监管的方式排放大气污染物”，依照《中华人民共和国大气污染防治法》第九十九条第三项的规定处罚，责令其改正并罚款。

案例 3：某垃圾焚烧厂因给料故障导致炉温低于规定而滥用“炉温异常”标记

某垃圾焚烧厂 1 号焚烧炉给料装置出现零件锈蚀，导致运转卡涩，炉内垃圾供料不及时，从而出现炉温 5 分钟均值低于 850℃的情况，其间该厂标记“炉温异常”35 分钟。

垃圾给料装置故障属于能够预见、能够避免的情况，平时应加强设备维护和检修，也可在开启助燃系统的情况下克服。因此，前述情况不属于“不可抗力”，不能标记“炉温异常”，应标记“故障”。此外，炉排卡料、出渣口堵塞、助燃装置供油管路泄漏等生产故障或设计缺陷导致的炉温降低，可以通过加强管理或运维、检修等技术措施予以克服的各类情形不属于“不可抗力”，不能使用“炉温异常”标记。

关于如何使用“炉温异常”标记，可参见本书附录C。

案例4：某垃圾焚烧厂因进厂垃圾成分变化导致炉温不达标而滥用“炉温异常”标记

某垃圾焚烧厂设计处理量为 1 000 t/d，设计进厂垃圾热值 5 500 kJ/kg，设计服务区域为城区及周边5个乡镇。2018年以前，周边 5 个乡镇的垃圾并未全部进入该厂，该厂垃圾进厂量平均为 800 t/d，实际进厂垃圾热值为4 500～5 500 kJ/kg。2018年开始，由于周边5个乡镇加大了环卫清扫力度、完善了垃圾收运系统，该厂垃圾进厂量增加至1 100 t/d，因乡镇垃圾中灰土比例较高，导致垃圾热值降至4 400 kJ/kg左右。该厂通过掺烧生物质等方式，尽量提高入炉垃圾热值，但有时仍出现炉温5分钟均值低于850℃的情况，为此，该厂标记“炉温异常”。

分析该厂情况是否满足“不可抗力”三大特征：

①能否预见？一是该厂设计之初的服务范围包括城区及周边5个乡镇，应该对设计服务范围的垃圾特性进行调查分析，应该预料到乡镇垃圾热值可能偏低的问题。二是根据相关技术规范，在堆酵沥出部分渗滤液并按 110%负荷焚烧的情况下，1 100 t/d 的负荷没有超过能承受的最大冲击负荷。因此，这一情况并不符合“不能预见”的特征。

②能否避免？一是 2018 年以来，进入该厂的乡镇垃圾量逐渐增多，该厂完全有足够时间基于乡镇垃圾热值较低的实际情况，对焚烧炉换热结构进行改造，以适应新的垃圾热值特性；二是该厂虽

明知约定的垃圾处理负荷和垃圾热值特性有所改变，且有足够时间向当地主管部门报告自身实际情况，请求当地主管部门通过限制垃圾量、给予技改时间等方式对炉温降低的问题予以避免，或者请求调整约定的垃圾处理合同内容，但该厂并未采取这些有效措施，所以案例中的情况并不符合“不能避免”的特征。

③能否克服？乡镇垃圾进厂后，垃圾热值与原实际进厂垃圾热值范围相差很小，仅偏差 100 kJ/kg 左右，通过延长堆酵时间、加大助燃燃油投加量等方式，能够克服垃圾热值较低对炉温造成的不良影响。因此，案例中的情况并不符合“不能克服”的特征。

综上，前述情况下的炉温偏低不能全部满足“不可抗力”三大特征，不属于“不可抗力”，不应标记“炉温异常”。

5　标记操作

5.1　原文

焚烧炉工况和自动监测异常可分别标记，分别包括事前标记或事后标记。

①事前标记。垃圾焚烧厂可根据生产计划、CEMS 维护计划等，在企业端提前标记。

②事后标记。当出现焚烧炉工况改变，自动监测异常，自动监测数据出现零值、恒值、超量程以及超过污染物限值等情形时，垃圾焚烧厂应当于 1 小时内核实并标记。

未及时标记的，由生态环境部污染源监控平台向垃圾焚烧厂发出电子督办单，并抄送所在地县级以上生态环境主管部门。垃圾焚烧厂在接到电子督办单后，应当及时核实，并在 6 小时内按操作提示如实进行标记。

5.2　要点分析

本条为关于标记操作的规定。数据标记分为焚烧炉工况标记和自动监测异常标记两种，从标记的时段来说分为事前标记和事后标记。

（1）自动监测数据标记的时限要求

垃圾焚烧厂可有计划地进行事前标记，或进行事后标记。主动进行的事后标记限时为 1 小时，垃圾焚烧厂接到电子督办单后进行的事后标记限时为 6 小时。标记时限对焚烧厂的运营提出了实时运营、实时管控、实时响应的要求。

（2）电子督办单的主要内容

根据《生活垃圾焚烧发电厂自动监控电子督办运行要求》，垃圾焚烧厂自动监控电子督办分为事前预警、事中调度、事后处理三类，分别落实垃圾焚烧厂的主体责任和属地生态环境主管部门的监管责任。

①事前预警：包括豁免时段预警、累计违法时长预警、事故/故障时长预警、联网异常、数据缺失预警等。发送对象为垃圾焚烧厂督办联系人，收到此类预警无须核实反馈，垃圾焚烧厂自主标记或自行采取措施。

②事中调度：包括工况序列异常、短时浓度超标、炉温不达标、出现零值/恒值等异常数据、数据缺失等。主送垃圾焚烧厂督办联系人，抄送所在地市级、县级生态环境主管部门督办联系人，垃圾焚烧厂须在收到调度信息的 6 小时内核实反馈。

③事后处理：包括五项常规污染物（颗粒物、氮氧化物、二氧化硫、氯化氢、一氧化碳）日均值超标、炉温不达标超过 5 次、自动监测设备不正常运行、涉嫌虚假标记（如热电偶故障、炉温异常）等处理处罚情况。主送所在地市级、县级生态环境主管部门督办联

系人，抄送垃圾焚烧厂和省级生态环境主管部门督办联系人，所在地生态环境主管部门须按职责分工及时调查核实，发现涉嫌违法后5 个工作日内登录督办平台反馈拟处理意见，并在正式作出处理处罚决定后补充录入调查、处理处罚进展。未及时反馈的，由督办平台将信息推送至省级生态环境主管部门。

5.3 案例

案例 1：某垃圾焚烧厂忽视“事中调度”电子督办的预警作用

某垃圾焚烧厂 2020 年 4 月 14—15 日产生事后处理电子督办 8 条（日均值超标、炉温不达标），4 月 21 日产生事后处理电子督办 1 条（炉温不达标），企业反馈原因为触发电子督办期间实际处于“停运”状态，没有及时在企业端平台中标记。

当地生态环境主管部门现场调查时发现，该厂 4 月 14—15 日的确处于“停运”状态，但未及时标记“停运”。该厂对于事后处理电子督办之前的事中调度电子督办不重视。该厂在 4 月产生事中调度电子督办 307 条、事后处理电子督办 16 条，集中在 4 月 14 日之后。该厂于 4 月 14—15 日没有及时登录企业端平台和及时标记，所有发生于 4 月 14—15 日的事中调度电子督办，大多在 4 月 16 日 16：34 左右反馈，事中调度电子督办没有收到应有的提醒效果。当地生态环境主管部门指出，该厂对《管理规定》不重视，已在 4 月 16 日因触发 8 条事后处理电子督办而在平台中补标记“停运”，在 4 月 21 日又犯同类错误。

当地生态环境主管部门还对该厂涉嫌的其他环境违法行为展开了调查。

案例 2：某垃圾焚烧厂未及时整改而屡次触发“事后处理”电子督办

某垃圾焚烧厂 1 号炉 2020 年 4 月 19 日因炉温不达标而产生事后处理电子督办 1 条，企业反馈为“该公司炉体温度及工况正常，因 DCS 故障或 DCS 到数采仪之间的线路信号被干扰，导致上传数据为 0”。

当地生态环境主管部门现场调查时发现，1 号炉 4 月 19 日触发 19 条事中调度电子督办，但没有起到应有的提醒效果。分析 1 号炉 4 月 19 日炉温数据可以看到，17：30 以前的正常运行期间存在较为频繁的炉温数据丢失现象，17：30 以后的焚烧炉逐步停止运行期间却没有炉温数据丢失现象，问题根源是数采仪故障频发。而早在 2020 年年初，当地生态环境主管部门就已明确要求该厂对中控室显示的炉温达标但自动监控平台中的炉温数据上传频繁中断的问题进行整改。综上，当地生态环境主管部门认定该厂“未保证自动监测设备正常运行”，责令其改正并处以罚款。

附　录

附录 A 热电偶监测炉温的原理和质控要求

A1 热电偶监测炉温的原理

①当热电偶的测量端（热端）与参比端（冷端）之间存在温度差时，测量闭合回路产生电势差。通过《热电偶 第 1 部分：电动势规范和允差》中给出的电势差-温度差函数关系（简化表示为 GB/T 16839.1—2018 的附录 A“电动势分度表”），就可以得到测量端与参比端的温度差。

②垃圾焚烧厂炉温测量热电偶的参比端一般通过延长导线延长至机柜室。机柜室的环境温度即冷端温度，为 T_0。热电偶的现场测量值应按照“先对电势差求和，再查分度表”的原则，采用以下步骤算出（见图 A-1）：

a. 测量冷端温度 T_0，查“电动势分度表”，得到其对应的电势差 E（T_0−0）；

b. 测量热电偶热端 T 与参比端(冷端)T_0 之间的电势差 E(T−T_0)；

c. 求得热电偶热端与 0℃之间的电势差为 E（T−0）= E（T−T_0）+ E（T_0−0）；

d. 查“电动势分度表”，得到与 E（T−0）对应的温度，即为热电偶的现场测量值 T。

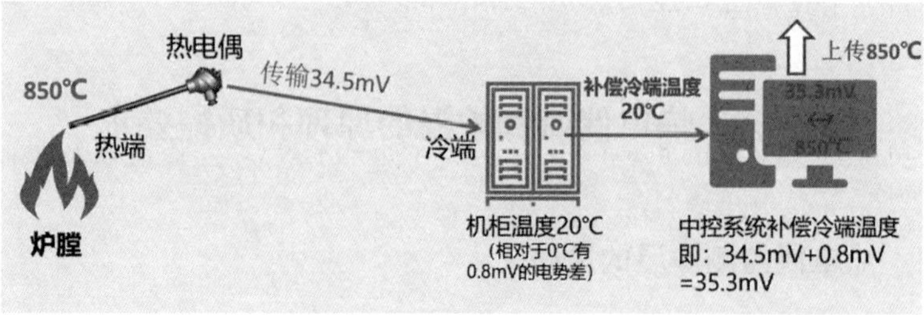

图 A-1 热电偶测量炉温示意

A2 热电偶监测的质控要求

（1）《关于加强生活垃圾焚烧发电厂自动监控和监管执法工作的通知》附件 2 中热电偶监测炉温的质控要求

垃圾焚烧厂焚烧炉炉膛内温度测量的热电偶本身的允差，应至少满足《热电偶 第 1 部分：电动势规范和允差》的 2 级允差规定：K 型热电偶在−40～1 200℃温度范围内的最大允差应取±2.5℃或±0.75%|t|的较大值（t 为炉膛内温度）；S 型热电偶在 0～1 600℃温度范围内的最大允差应取±1.5℃或±0.25%|t|的较大值。

垃圾焚烧厂焚烧炉炉膛内热电偶测量温度信号传输、检测、显示的过程中，只应补偿热电偶参比端的环境温度，不应随意设置补偿温度。垃圾焚烧厂应加强对热电偶延长导线、中控室热电偶信号检测模块的精度控制，热电偶延长导线的信号传输偏差不应超出±5.0℃，中控室热电偶信号检测偏差不应超出±5.0℃，热电偶参比端环境温度检测偏差不应超出±3.0℃，使用精度±1.0℃的数字式多用表对炉膛内热电偶温度进行查验时的现场测量值与中控系统显示上传值之间的偏差不应超出±14.0℃。

垃圾焚烧厂应将炉膛内热电偶故障时的温度示值设置为一个不可能真实存在的负值或专用代码（如−9 999℃），不得将故障时的温度设置为如 1 320℃等影响炉温判断计算的正值。

（2）《标记规则》规定的“热电偶故障”标记的适用情形

因热电偶结焦、损坏等情况导致热电偶测量温度不能反映实际温度的时段，可标记为“热电偶故障”。

标记为“热电偶故障”的，应备注故障测点位置、故障原因、维修或更换过程，保存运行维护记录和台账备查。

附录 B 垃圾焚烧厂炉温测量用热电偶测量偏差查验方法（试用版）

B1 适用范围

本方法给出了垃圾焚烧厂炉温测量用热电偶中控室显示值与现场测量值之间偏差的查验方法。本方法为试用版，未经正式发布，仅供垃圾焚烧厂参考。

本方法适用于热电偶上没有连接温度变送器的焚烧厂，用于查验焚烧厂炉温测量用热电偶的温度信号在传输和显示环节是否失真。热电偶上连接了温度变送器的焚烧厂，热电偶参比端（冷端）的环境温度应为温度变送器所处环境的温度。查验热电偶本身是否符合相关技术规定，应执行《廉金属热电偶校准规范》；查验热电偶连接的温度变送器是否符合相关技术规定，应执行《温度变送器校准规范》。

B2 规范性引用文件

GB/T 4989 热电偶用补偿导线

GB/T 16839.1 热电偶 第 1 部分：电动势规范和允差

GB/T 18204.13 公共场所空气温度测定方法

GB/T 32194 手持式数字多用表

JJF 1183 温度变送器校准规范

JJF 1637 廉金属热电偶校准规范

HG/T 20508 控制室设计规范

GA/T 947 单警执法视音频记录仪

B3 方法原理

①使用热电偶测量炉温的原理为：当热电偶的测量端（热端）与参比端（冷端）之间存在温度差时，测量闭合回路产生电势差。通过《热电偶 第 1 部分：电动势规范和允差》中给出的电势差-温度差函数关系（简化表示为 GB/T 16839.1—2018 的附录 A“电动势分度表”），就可以得到测量端与参比端的温度差。

②垃圾焚烧厂炉温测量热电偶的参比端一般通过延长导线延长至机柜室。机柜室的环境温度亦即冷端温度，为 T_0。热电偶的现场测量值应按照“先对电势差求和，再查分度表”的原则，采用以下步骤计算：

a. 测量冷端温度 T_0，查“电动势分度表”，得到其对应的电势差 E（T_0−0）；

b. 测量热电偶热端 T 与参比端 T_0 之间的电势差 E（T−T_0）；

c. 求得热电偶热端与 0℃之间的电势差为 E（T−0）＝E（T−T_0）＋E（T_0−0）；

d. 查“电动势分度表”，得到与 E（T−0）对应的温度，即为热电偶的现场测量值 T。

③对于同一支热电偶，比较热电偶端头两极的电势差与延长导线末端（机柜室）的电势差，可用于查验延长导线误差是否偏离允

差范围。

B4　查验方法

①现场查验应配备 2 组执法人员（记为甲和乙）。甲到中控室工程师站（即中控系统后台）控制现场，测量机柜室环境温度，同时观察炉温热电偶的中控室显示值。乙负责到焚烧炉前、热电偶机柜室测量电势差。

②现场查验应使用以下仪器设备：

a. 至少 1 台符合 GB/T 32194《手持式数字多用表》的手持式数字多用表（万用电表），用于测量电势差，数字多用表直流电压输出的量程不宜超过 220 mV、精度（读数的%+数字）不应低于±（0.1%+2）。[①]

b. 至少 1 台符合 GB/T 18204.13《公共场所空气温度测定方法》的空气温度计，用于测量热电偶参比端所在机柜的环境温度，空气温度计的温度测量精度不应低于±0.3℃。

c. 至少 2 台符合 GA/T 947《单警执法视音频记录仪》的执法记录仪，用于执法取证，执法记录仪应带有自动红外补光功能，电池和分辨率应满足连续 4 小时录制 720P 以上视频的要求。

---

① 垃圾焚烧厂自备的万用电表可能存在量程偏大（一般 400 mV）、精度较差（一般±0.5%）的问题。例如，A 品牌某型号数字万用表，精度±0.5%，售价 500 元，测量 42 mV（相当于 1 020℃）的偏差范围为±0.21 mV（相当于±5℃）；但 B 品牌某型号数字万用表，精度±（0.1%+2），测量 42 mV 的偏差范围为±0.044 mV（相当于±1℃），精度更高。

③甲和乙应使用对讲机实时联系，并分别使用执法记录仪录像。中控室机柜室不允许使用对讲机等强电磁干扰设备的，可使用其他方法替代。甲的录像应包含垃圾焚烧厂中控室场景特征以及中控界面上的厂名、日期时间等信息；乙的录像应包含焚烧炉场景特征、热电偶参比端所在机柜的场景特征、垃圾焚烧厂技术人员操作过程等信息。

④在焚烧炉现场查验热电偶测量偏差的操作如下：

a. 甲、乙分别就位，打开执法记录仪；

b. 乙断开待查验热电偶的延长导线，延长导线断开造成待查验热电偶在中控界面上显示故障，甲由此在中控界面上确认待查验热电偶的点位，并记录该点位编号；

c. 乙重新连接待查验热电偶的延长导线，延长导线重新连接使得待查验热电偶在中控界面显示的故障排除，甲在中控界面上再次确认待查验热电偶的点位；

d. 乙使用数字多用表测量待查验热电偶的电势差，甲同步查看相应的中控室显示值。甲和乙在 1 分钟内用对讲机相互报出 5 组以上电势差和中控室显示值，并将成对数据填入《炉温热电偶测量偏差查验记录表》（见表 B-1）。

⑤每次查验至少应覆盖焚烧炉炉膛上部断面、中部断面接入生态环境部自动监控系统的所有热电偶。

⑥在机柜室查验热电偶测量偏差的操作与第④条相同，也应将成对数据填入《炉温热电偶测量偏差查验记录表》。

表 B-1 垃圾焚烧厂炉温测量用热电偶的现场测量值与中控系统显示值偏差查验记录表（样表）

焚烧厂名：＿＿＿＿＿＿＿＿＿＿ 查验日期：＿＿＿＿＿＿＿＿＿＿

焚烧炉	热电偶点位			参比端环境		在焚烧炉热电偶安装位置现场测量和查验						在热电偶参比端所在位置现场测量和查验					
	位置描述	自动监控系统中热电偶编号	中控系统中热电偶编号	温度 T_0/℃	电势差 E（T_0−0）/mV	延长导线的信号源	测试序号	现场测量得到的电热差 E（$T-T_0$）/mV）	热电偶的现场测量值 T/℃	中控系统的显示值/℃	偏差/℃	延长导线的信号源	测试序号	现场测量得到的电热差 E（$T-T_0$）/mV）	热电偶的现场测量值 T/℃	中控系统的显示值/℃	偏差/℃
1 号炉	上部断面左墙 1	T10	CX-1040	21	0.8	热电偶	1	44.3	1 099	1 106	7	热电偶	1	44.2	1 098	1 104	6
				21	0.8	热电偶	2	44.4	1 102	1 108	6	热电偶	2	44.1	1 095	1 103	8
				21	0.8	信号发生器（校准仪）	3	40	987	992	5	信号发生器（校准仪）	3	40	987	993	6
				21	0.8	信号发生器（校准仪）	4	10	265	274	9	信号发生器（校准仪）	4	30	740	745	5
……	……	……	……														

查验人员签名：＿＿＿＿＿＿＿＿＿＿ 焚烧厂技术人员签名：＿＿＿＿＿＿＿＿＿＿

⑦查验结束后，执法人员根据现场记录计算炉温热电偶现场测量值 T 与中控室显示值之间的偏差，要求垃圾焚烧厂技术人员核对后签字确认。

⑧若发现热电偶本身或热电偶连接的温度变送器可能存在不符合相关技术规定的嫌疑，查验时应分别执行 JJF 1637《廉金属热电偶校准规范》或 JJF 1183《温度变送器校准规范》的相关程序。

B5 查验示例

示例 1：用万用电表现场实测电势 E（$T-T_0$）= 34.1 mV，热电偶冷端所在机柜温度 30℃，中控显示热电偶温度 851℃，是否正常？

答：冷端温度 30℃对应的冷端 T_0 电势为 E（T_0-0）= 1.2 mV，则 E（$T-0$）= E（$T-T_0$）+ E（T_0-0）= 34.1 + 1.2 =35.3 mV。查表，35.3 mV 对应的温度为 850℃，与中控显示热电偶温度 851℃偏差在允许误差范围以内。故，正常。

示例 2：用万用电表现场实测电势 E（$T-T_0$）= 36.1 mV，热电偶冷端所在机柜温度 30℃，中控显示热电偶温度 920℃，是否正常？

答：冷端温度 30℃对应的冷端 T_0 电势为 E（T_0-0）= 1.2 mV，则 E（$T-0$）= E（$T-T_0$）+ E（T_0-0）= 36.1 + 1.2 =37.3 mV。查表，37.3 mV 对应的温度为 900℃，比中控显示热电偶温度 920℃低 20℃，超出了允许误差范围。故，不正常。

附录C “炉温异常”标记的使用情形

个别垃圾焚烧厂运行过程中，对偶发炉温低于850℃的时段标记为“炉温异常”。根据《管理规定》《标记规则》的相关规定，“炉温异常”仅适用于不可抗力造成的极特殊情形。为避免“炉温异常”标记的滥用，维护监管新政的公平公正，以下对“炉温异常”标记的使用情形进行解读。

C1 政策解析

《中华人民共和国民法典》中的“不可抗力”是指不能预见、不能避免且不能克服的客观情况。据此，不可抗力需同时符合不能预见、不能避免、不能克服三大特征。不可抗力的主要情形包括：自然灾害，如台风、洪水、冰雹等；政府行为，如征收、征用等；社会异常事件，如罢工、骚乱等。

根据上述规定，垃圾热值偏低、垃圾水分偏高、垃圾给料不连续、垃圾出渣口堵塞等情况均不属于“不能预见、不能避免并不能克服的客观情况”，不应标记“炉温异常”。如焚烧炉给料装置、出渣装置、辅助燃烧器、水冷壁/卫燃带等硬件设计无法满足炉温达标的需要，应及时开展技术改造；如焚烧炉运行过程中未能实现预期功能，应视为运行故障。

未如实标记，滥用“炉温异常”标记以逃避监管的，可根据《管理规定》第十三条认定为“通过逃避监管的方式排放大气污染物”，依照《中华人民共和国大气污染防治法》第九十九条第三项的规定处罚。

C2 处理意见

①焚烧炉给料、出渣、助燃等生产故障或设计缺陷导致的炉温降低，能够通过加强管理或运维、检修等技术措施予以克服的各类情形不属于不可抗力，不能使用“炉温异常”标记。见案例1～案例4。

案例 1	某垃圾焚烧发电厂某台焚烧炉给料装置出现零件锈蚀，导致给料装置运转卡涩，炉内垃圾供料不及时，从而出现炉温 5 分钟均值低于 850℃的情况，其间该厂标记“炉温异常”35 分钟。 分析：垃圾给料装置故障属于能够预见、能够避免的情况，平时就应加强设备维护和检修，也能够在开启助燃系统的情况下克服。因此，前述情况不属于不可抗力，不能标记“炉温异常”。
案例 2	某垃圾焚烧发电厂某台焚烧炉因炉排卡料造成炉温 5 分钟均值低于 850℃，其间该厂标记“炉温异常”20 分钟。 分析：炉排卡料属于能够预见、能够避免的情况。垃圾焚烧厂平时应加强设备维护和检修，发生故障时应及时排除或停炉检修。因此，前述情况不属于不可抗力，不能标记“炉温异常”。
案例 3	某垃圾焚烧发电厂某台焚烧炉因炉温降低而加大助燃装置投油量，但炉排上未燃尽垃圾在油枪直接烘烤下结焦形成大的团块，导致出渣口堵塞，出现炉温 5 分钟均值低于 850℃的情况，该厂标记“炉温异常”20 分钟后发现堵塞故障难以排除，不得不进行停炉检修。 分析：焚烧炉出渣口堵塞属于能够预见、能够克服的情况，出现出渣口堵塞时，若不能及时排除故障，应及时停炉检修。出渣口堵塞期间的炉温 5 分钟均值低于 850℃不属于不可抗力，不能标记“炉温异常”。

案例 4	某垃圾焚烧发电厂某台焚烧炉因炉温降低而加大助燃装置投油量，助燃系统长时间工作后出现供油管路泄漏，该厂及时发现检修，并对供油管路泄漏期间的炉温 5 分钟均值低于 850℃的时段标记为“炉温异常”。 分析：助燃装置供油管路泄漏属于能够预见、能够克服的情况，出现供油管路泄漏时，应及时排除故障或停炉检修。其间出现的炉温 5 分钟均值低于 850℃不属于不可抗力，不能标记“炉温异常”。此外，流化床焚烧炉使用燃煤助燃，而给煤装置出现故障与燃油助燃装置出现故障的情况相同。

②需结合实际判断能否使用“炉温异常”标记的情形。

a. 当垃圾焚烧发电厂所在城市政府或气象部门发布台风、暴雨、暴雪、冰冻等气象灾害应急响应的公告或通知，且气象灾害对进厂垃圾成分造成了实质性影响时，导致的炉温降低方可标记“炉温异常”，需准备和提供气象灾害应急响应公告或通知、气象灾害的影响范围和强度、进厂垃圾成分受气象灾害的影响分析等相关证明材料。

因暴雪、暴雨等气象原因导致垃圾热值突变而造成的炉温降低，未被气象部门认定为气象灾害的，不应作为标记“炉温异常”的理由。见案例 5。

b. 当垃圾焚烧发电厂所在地点暂不具备多路供电条件，因外部供电不稳定导致焚烧炉运行中断，造成炉温降低，方可标记“炉温异常”，需准备和提供县级以上供电部门出具的相关证明材料。

垃圾焚烧发电厂所在地点具备多路供电条件，但仅有一条供电线路的，应尽快实现多路供电。见案例 6。

c. 当政府临时要求垃圾焚烧发电厂处理污泥、陈年垃圾、乡镇垃圾、灾害垃圾等低热值物料或临时要求增加这些低热值物料的处理量，并且这些低热值物料的临时处理要求超出了垃圾焚烧发电厂设计文件和环评文件的容许范围时，导致的炉温降低方可标记“炉温异常”，需准备和提供政府要求函件、企业对超出处理能力的说明、律师对不可抗力的说明论证等证明文件。见案例 7。

若垃圾焚烧发电厂设计文件和环评文件中已明确说明可以处理污泥、陈年垃圾、乡镇垃圾、灾害垃圾等低热值物料，且这些低热值物料的处理量没有超过设计文件和环评文件中的容许范围，不能视为不可抗力。见案例 8。

案例 5	某垃圾焚烧发电厂因入炉垃圾中有未融化的雪块，造成炉温 5 分钟均值低于 850℃。该厂对这一期间的炉温 5 分钟均值低于 850℃的时段标记了“炉温异常”。其间政府有关部门没有发布暴雪、冰冻气象灾害应急响应公告或通知。 分析这一情况是否满足不可抗力三大特征。 能否预见？根据气象部门提供的 30 年平均降雪日数分布图，30 年平均降雪日数≥20 天的地区主要包括东北地区以及新疆、西藏、青海、甘肃、四川等省区的部分地区，在这些地区建设焚烧发电厂，设计之初就要考虑降雪对垃圾热值的不良影响。若政府有关部门没有发布暴雪、冰冻气象灾害应急响应公告或通知，则说明当时的降雪已被预见、不足以构成灾害。 能否避免？由于垃圾收运部门一般为当地政府指定的其他单位，垃圾中含有雪块的确难以避免。 能否克服？冬季垃圾内雪块多，可通过延长垃圾堆酵时间、炉内助燃、调整炉内吸热设计等方式，减弱垃圾热值降低的负面影响。 综上，前述情况不属于不可抗力，不能标记“炉温异常”。

案例 6	某垃圾焚烧发电厂的厂内用电全部由外部 10 kV 线路提供。某日雷雨天气引发外部供电开关跳闸，全厂断电，厂内两台垃圾焚烧炉因断电导致机械推动装置运行中断，炉温不断下降。DCS 系统和 CEMS 系统因有 UPS 电源而保持正常运行。该厂对外部供电开关跳闸期间的炉温 5 分钟均值低于 850℃的时段标记“炉温异常”，每台炉标记 120 分钟。 分析这一情况是否满足不可抗力三大特征。 能否预见？应属于可预见的问题，该厂为 DCS、CEMS 配备了 UPS 电源，以防备可能的断电情况。 能否避免？《生活垃圾焚烧处理工程技术规范》第 9.2.2 条规定：“垃圾焚烧发电厂至少应有一条与电网连接的双向受、送电线路。当该线路故障时，应有能够保证安全停机和起动的内部电源或其他外部电源。”对于地处城区、工业园区的焚烧发电厂，周边一般有多个变电站，应构建至少一用、一备两条供电线路，确保供电稳定；对于地处偏僻地带的焚烧发电厂，若周边仅有一个变电站，无法构建备用供电线路，应由当地供电部门提供证明材料。 能否克服？尽管焚烧发电厂自身能够发电，但直接将本厂发电作为电源供本厂使用，容易反送电造成人员触电。故外部电路失去后的设备运行中断的确不能克服。 考虑到《管理规定》实施后，一些垃圾焚烧厂没有提前预见外部供电中断对自动监测数据达标的影响，没有严格按照行业标准设置备用线路，所以发现此类问题应立即整改。若该厂能提供县级以上供电部门出具的证明，则可认定为不可抗力，可标记“炉温异常”，同时该厂应尽快实现多路供电。若当地暂不具备多路供电条件，应由县级以上供电部门出具证明，允许在这种情况下标记“炉温异常”。
案例 7	甲市 A 垃圾焚烧发电厂设计处理量为 1 000 t/d、设计进厂垃圾热值 5 500 kJ/kg，服务区域为城区，运行前三年检测实际进厂垃圾量约 1 000 t/d、进厂垃圾热值为 4 500～5 500 kJ/kg。运行第四年的某段时间因建设文明城市需要，甲市政府有关部门要求该厂每日应急处置垃圾 1 500 t（有政府文件证明），连续接收 10 天，其中有 500 t 来自城郊农村，不属于原先确定的服务范围。经检测，这一期间垃圾中灰土比例较高，平均热值为 3 500 kJ/kg。A 厂通过掺烧生物质等方式，努力提高入炉垃圾热值，且增加了助燃燃油用量，但有时仍出现炉温 5 分钟均值低于 850℃的情况，为此，该厂标记

案例 7	"炉温异常"。标记"炉温异常"期间，该厂通过增加活性炭投入、加大助燃燃油用量等方式尽力降低炉温低于 850℃的不良影响。 分析这一情况是否满足不可抗力三大特征。 能否预见？一是 A 厂设计处理量为 1 000 t/d，根据相关技术规范，假设堆酵沥出 20%的渗滤液，按 110%负荷焚烧，可接受约 1 300 t/d 的冲击负荷，但确实未预料到 1 500 t/d 的冲击负荷；二是设计服务范围仅为城区，设计文件一般预测城区垃圾量会增加、垃圾热值会随经济社会的发展而提高，未预测要处理处置城郊农村的低热值垃圾，应急处置期间的垃圾平均热值严重低于设计热值以及运行前三年的垃圾平均热值。因此，这一情况符合不能预见的特征。 能否避免？A 厂即便预见了政府可能临时安排的垃圾处理要求，但突发性的冲击负荷和垃圾成分的改变让 A 厂很难通过改变焚烧炉换热结构的方式去避免炉温降低。因此，这一情况符合不能避免的特征。 能否克服？该厂已使用掺烧生物质、增加助燃燃油用量等方式，尽力克服垃圾热值低的负面影响，但不能完全克服。因此，这一情况符合不能克服的特征。 综上，前述情况的确满足不可抗力的三大特征，A 厂这一期间炉温偏低是由不可抗力所导致，可标记为"炉温异常"，但应准备政府要求函件、企业对超出处理能力的说明、律师对不可抗力的说明论证等证明文件。
案例 8	乙市 B 垃圾焚烧发电厂设计处理量为 1 000 t/d、设计进厂垃圾热值 5 500 kJ/kg，设计服务区域为城区及周边 5 个乡镇。2018 年以前，周边 5 个乡镇的垃圾并未全部进入该厂，该厂垃圾进厂量平均为 800 t/d，实际进厂垃圾热值为 4 500～5 500 kJ/kg。2018 年开始，由于周边 5 个乡镇加大了环卫清扫力度、完善了垃圾收运系统，该厂垃圾进厂量增加至 1 100 t/d，且乡镇垃圾中灰土比例较高，导致垃圾热值降至 4 400 kJ/kg 左右。该厂通过掺烧生物质等方式，尽量提高入炉垃圾热值，但有时仍出现炉温 5 分钟均值低于 850℃的情况，为此，该厂标记"炉温异常"。 乙市 B 厂的情况与案例 7 甲市 A 厂的情况有着显著的区别，分析 B 厂情况是否满足不可抗力三大特征。

案例 8	能否预见？一是该厂设计之初的服务范围包括城区及周边 5 个乡镇，应该对设计服务范围的垃圾特性进行调查分析，可以预料到乡镇垃圾热值可能偏低的问题；二是根据相关技术规范，在堆酵沥出部分渗滤液，并按 110%负荷焚烧的情况下，1 100 t/d 的进厂垃圾量没有超过最大能承受的 110%冲击负荷。因此，这一情况并不符合不能预见的特征。 能否避免？一是 2018 年以来，进入 B 厂的乡镇垃圾量逐渐增多，B 厂完全有足够时间基于乡镇垃圾热值较低的实际情况，对焚烧炉换热结构进行改造，以适应新的垃圾热值特性；二是 B 厂在了解约定垃圾处理负荷和垃圾热值特性有所改变的情况下，有足够时间向当地主管部门报告本厂的实际情况，请求当地主管部门通过限制垃圾量、给予技改时间等方式对炉温降低的问题予以避免，或者请求调整约定的垃圾处理合同内容，但是，B 厂并未有效采取这些措施，所以案例中的情况并不符合不能避免的特征。 能否克服？乡镇垃圾进厂后，垃圾热值与原实际进厂垃圾热值范围相差很小，仅偏差 100 kJ/kg 左右，通过延长堆酵时间、加大助燃燃油投加量等方式，能够克服垃圾热值较低对炉温造成的不良影响。因此，案例中的情况并不符合不能克服的特征。 综上，前述情况下的炉温偏低不能全部满足不可抗力三大特征，不可标记“炉温异常”。

附录 D “热电偶故障”标记的使用情形

《管理规定》实施初期，少数垃圾焚烧厂在运行过程中，对偶发的热电偶测点温度低于 850℃的情况标记“热电偶故障”。《标记规则》规定，“热电偶故障”仅适用于因热电偶结焦、损坏等情况导致热电偶测量温度不能反映实际温度的时段。标记“热电偶故障”应备注故障测点位置、故障原因、维修或更换过程，保存运行维护记录和台账备查。《管理规定》第十二条和第十三条分别给出了“未保证自动监测设备正常运行”和“通过逃避监管的方式排放大气污染物”的认定情形。为避免“热电偶故障”标记的滥用，维护监管新政的公平公正，以下对“热电偶故障”标记的使用情形进行解读。

D1 政策解析

垃圾焚烧厂要求使用热电偶自动监测炉温。《生活垃圾焚烧污染控制标准》表 1 要求炉膛温度“实行热电偶实时在线测量”。《标记规则》定义的炉膛温度是“以焚烧炉炉膛内热电偶测量温度的 5 分钟平均值计，即焚烧炉炉膛内中部和上部两个断面各自热电偶测量温度中位数算术平均值的 5 分钟平均值”。《管理规定》第七条规定，垃圾焚烧厂应当按照国家有关规定，确保正常工况下焚烧炉炉膛内热电偶测量温度的 5 分钟均值不低于 850℃。

使用热电偶监测炉温的原理以及质量控制要求见附录 A。

D2 处理意见

①因技术缺陷或员工操作失误导致炉温低于850℃，或给料、出渣、助燃等生产故障导致炉温低于850℃，应及时技改，或如实标记“故障”，不得以“热电偶故障”为借口逃避监管。见案例1和案例2。

②因数采仪故障或数采仪与炉温监测系统的连接故障造成的零值、空值，不属于“热电偶故障”，应标记“CEMS维护”；因数采仪与上位机通讯故障导致的数据上传失败，不属于“热电偶故障”，应标记“通讯中断”，并在通讯恢复后补传数据；上部或中部断面的全部热电偶测温数据同时失真，应查明原因后如实标记，不应笼统归咎于“热电偶故障”。见案例3和案例4。

③垃圾焚烧厂应定期检查维护热电偶，确保备件充足。热电偶结焦、损坏等情况导致热电偶测量温度失真，可据实标记“热电偶故障”，并及时维修更换；发现热电偶测量温度失真且影响炉温5分钟均值达标的，应尽可能一次性将问题处理到位，避免出现1个自然日内单支热电偶标记“热电偶故障”超过1次的情况；标记“热电偶故障”应备注故障测点位置、故障原因、维修或更换过程，需准备工作票/操作票、检修耗材领取单、温度失真及恢复前后的温度曲线变化图、更换后的热电偶照片、检修更换过程的照片和视频等证明材料，照片、视频应带有时间和位置水印。见案例5。

④垃圾焚烧厂不得滥用和虚假标记“热电偶故障”。

a. 焚烧炉上部或中部断面的正常热电偶不足3支时，将触发“事前预警”电子督办。

b. 未及时维修更换热电偶导致测量温度长时间失真或频繁波动，经分析后，将视情况启动“事后处理”电子督办，核实是否存在“未保证自动监测设备正常运行”或虚假标记问题。

c. 以下任一情况均会触发“事后处理”电子督办，核实是否存在虚假标记问题。

单支热电偶每个自然日标记“热电偶故障”大于 1 次，且“热电偶故障”标记时段内炉温为 800～850℃（停运期间除外）。

每次“热电偶故障”标记短于 5 分钟，且不满足：标记时段内测点温度最大值≥1 200℃；标记时段内测点温度最小值≥850℃；标记时段内测点温度极差大于 150℃；标记期间为停运状态。

上部断面或中部断面的全部热电偶同时标记“热电偶故障”（停运期间除外）。见案例 6 和案例 7。

⑤主管部门或其委托的单位开展检查导致热电偶测量温度失真时，可据实标记“热电偶故障”，需留存勘察笔录、查验记录等材料。见案例 8。

案例 1	某垃圾焚烧发电厂某台焚烧炉存在先天不足的技术缺陷，炉温波动大，经常出现炉温低于 850℃的情况。该厂为了避免炉温不达标的处罚，频繁标记“热电偶故障”，10 天内标记 70 余次，每次标记时长短至 3～5 分钟、长至 1～2 小时。主管部门现场检查时发现，绝大多数标记都难以提供可信的证明材料，如果不做这些标记，则多次出现一天内 5 个以上炉温 5 分钟均值低于 850℃的情况，满足炉温不达标的处罚条件。 分析：“热电偶故障”标记应仅限于热电偶测温系统的故障。焚烧炉的技术缺陷不属于这一范畴。该厂“热电偶故障”标记期间，如果不做“热电偶故障”标记，则多次出现一天内 5 个以上炉温 5 分钟均值低于 850℃的情况。经检查核实，如果前述情况属实，则可同时按虚假标记逃避监管和炉温不达标进行处罚。不标记“热电偶故障”，出现炉温不达标的，则只按炉温不达标进行处罚。

案例 2	某垃圾焚烧发电厂某台焚烧炉存在给料不均匀的问题，不时因入炉垃圾量偏少而造成炉温 5 分钟均值低于 850℃。该厂工人时刻关注炉温变化，一旦发现处于下降趋势的炉温即将低于 850℃，就开始标记“热电偶故障”，10 天内标记 30 余次。主管部门现场检查时发现，绝大多数标记都难以提供可信的证明材料，如果不做这些标记，则多次出现一天内 5 个以上炉温 5 分钟均值低于 850℃的情况，满足炉温不达标的处罚条件。 分析：“热电偶故障”标记的目的，是在保证炉温自动监测数据完整性的前提下，给予垃圾焚烧厂及时排除炉温自动监测故障的机会。“热电偶故障”标记应仅限于炉温自动监测系统的故障。焚烧炉给料装置存在故障，造成垃圾入炉量不均匀，不属于这一范畴。该厂“热电偶故障”标记期间，如果不做“热电偶故障”标记，则炉温 5 分钟均值多次不达标。经检查核实，如果前述情况属实，则可同时按虚假标记逃避监管和炉温不达标进行处罚。不标记“热电偶故障”，出现炉温不达标的，则只按炉温不达标进行处罚。
案例 3	某垃圾焚烧发电厂某台焚烧炉的热电偶通过延长导线与 DCS 机柜连接，DCS 中的炉温数据连接数采仪。某天该厂发现 DCS 显示的炉温正常，但因数采仪程序故障，导致上传的炉温数据为零值。该厂对期间的炉温数据标记“热电偶故障”。 分析：根据《标记规则》，数采仪故障应标记“CEMS 维护”，不应标记“热电偶故障”。
案例 4	某垃圾焚烧发电厂某天发现外部网络堵塞，数采仪与上位机的通讯出现丢包现象，企业端平台上显示的炉温出现空值，遂将期间的炉温数据标记“热电偶故障”。 分析：根据《标记规则》，数采仪与上位机之间的通讯故障应标记“通讯中断”，不应标记“热电偶故障”。
案例 5	某垃圾焚烧发电厂某台焚烧炉上部断面 T10 热电偶突然出现测量值下降约 100℃的情形，值长判断该测点 40 天前更换的热电偶已结焦损坏，通知热工人员按程序进行更换，整个过程耗时 1 小时。该厂对期间的 T10 热电偶测量数据标记“热电偶故障”，同时备注“某日 14：25 左右，2 号炉炉膛内下部断面 T31 测点温度突然性下跌，其他测点无异常。立即联系检修，判断为该热电偶烧坏导致所测温度出现严重偏差。15：02 开始安装新热电偶，15：10 新热电偶安装完毕，炉温指示逐渐恢复正常”，并保留了相关证明材料。

案例 5	分析：“热电偶故障”标记的目的，是在保证炉温自动监测数据完整性的前提下，给予垃圾焚烧厂及时排除炉温自动监测故障的机会。该厂及时更换热电偶并标记“热电偶故障”的行为，符合《标记规则》的要求，也符合焚烧发电行业热电偶维护更换的一般规律。主管人员核查时，应要求该厂提供工作票/操作票、检修耗材领取单、数据失真及恢复前后的 DCS 温度曲线变化图、更换后的热电偶照片、热电偶检修更换过程的照片和视频等证明材料，照片、视频应带有时间和位置水印。
案例 6	某垃圾焚烧发电厂某台焚烧炉的多支热电偶发生结焦问题，该厂以种种借口长期不对热电偶进行维修或更换，而是直接将所有炉温 5 分钟均值低于 850℃的时段标记“热电偶故障”，这一操作持续多天。 分析：“热电偶故障”标记的目的，是在保证炉温自动监测数据完整性的前提下，给予垃圾焚烧厂及时排除炉温自动监测故障的机会。垃圾焚烧厂对自动监测数据负有主体责任，应按《管理规定》等法律法规和技术标准的要求，保证自动监测数据真实、准确、完整、有效。热电偶属于易耗品，工作一段时间后会因结焦或损坏而难以正常工作。该厂理应对此做好充分准备，提前准备备件。案例中，该厂明知炉温监测数据失真而不及时作出应对，致使炉温监测数据失真多天，在调查核实后，可认定为“未保证自动监测设备正常运行”。
案例 7	主管部门发现某垃圾焚烧发电厂某台焚烧炉上部断面、中部断面的所有热电偶（共有 6 支）在同一时段标记“热电偶故障”，该厂解释标记“热电偶故障”期间在进行热电偶清焦，但未能提供相关证明材料。 分析：《管理规定》要求保证自动监测数据真实、准确、完整、有效。对上部断面或中部断面的所有热电偶同时进行清焦维护操作，使得这一期间真实的炉温数据缺失，实际上是破坏了炉温自动监测数据的完整性。此外，热电偶的维护操作需要由多人配合完成，以确保维护操作没有影响信号的传输，鲜有垃圾焚烧厂能配备 6 名以上热工人员能在同一时间开展维护操作。

案例 8	某地主管部门和其委托的专业单位甲单位对某垃圾焚烧发电厂某台焚烧炉的炉温自动监测系统进行查验。查验过程中，甲单位的操作包括将热电偶从炉膛中拔出并插回、断开热电偶与延长导线的连接、使用信号发生器连接延长导线发射毫伏值信号等，使得期间DCS 记录数据和数采仪上传数据不正常。查验完毕，主管部门建议该厂对查验期间涉及的炉温数据标记“热电偶故障”。 分析：“热电偶故障”标记的目的，是在保证炉温自动监测数据完整性的前提下，给予垃圾焚烧厂及时排除炉温自动监测故障的机会。主管部门组织检查的目的是确保自动监测数据的真实、准确、完整、有效。该厂可在相应时段对相应的热电偶标记“热电偶故障”，并应留存勘察笔录、查验记录等材料。

附录 E 烟气排放连续监测系统（CEMS）的原理和要求[①]

E1 结构和原理

（1）CEMS 结构

烟气排放连续监测系统（continuous emission monitoring system，CEMS）对固定污染源排放的污染物进行连续、实时的跟踪测定。

《固定污染源烟气（SO_2、NO_x、颗粒物）排放连续监测技术规范》和《固定污染源烟气（SO_2、NO_x、颗粒物）排放连续监测系统技术要求及检测方法》完整的 CEMS（见图 E-1）由颗粒物监测子系统，气态污染物监测子系统，烟气排放参数测量子系统，数据采集、传输与处理子系统等组成。通过采样和非采样方式，测量烟气中颗粒物浓度、气态污染物浓度，同时测量烟气温度、烟气压力、烟气流速或流量、烟气含湿量（或输入烟气含湿量）、烟气含氧量（或二氧化碳含量）等参数；计算烟气中污染物浓度和排放量；显示和打印各种参数、图表并通过数据、图文传输系统传输至固定污

---

① 附录 E 简要说明了烟气排放连续监测系统（CEMS）的结构和原理，提炼了《固定污染源烟气（SO_2、NO_x、颗粒物）排放连续监测技术规范》和《固定污染源烟气（SO_2、NO_x、颗粒物）排放连续监测系统技术要求及检测方法》两项技术规范中的核心要求。

染源监控系统。

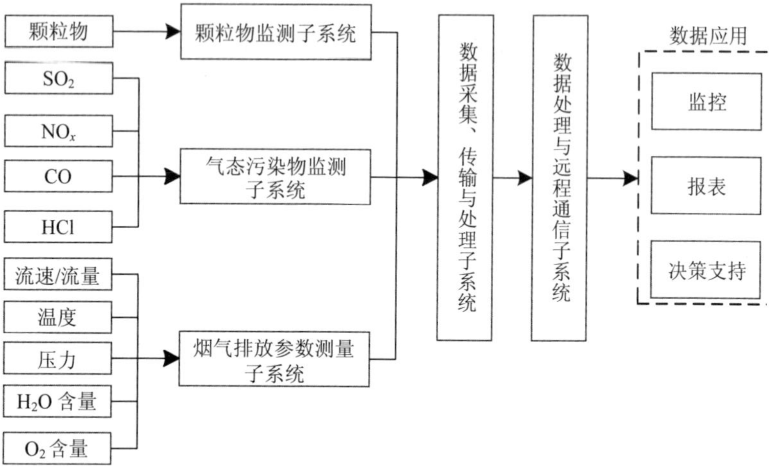

图 E-1 CEMS 构成简图

（2）颗粒物测量

颗粒物的测量方法有取样法和直接测量法两类。取样法中，较为典型的是滤膜称重法，即以规定的流量采样，使烟尘颗粒沉积于高性能滤膜上，从而推算出颗粒物浓度。直接测量法中，较为典型的是光透射法和光散射法。光透射法（浊度法）使用激光发射器发射一束单色光通过含有颗粒物的烟气，光强会因颗粒物的吸收和散射而衰减，通过测量光强的衰减量，应用朗伯—比尔定律即可推算出颗粒物的浓度。光散射法基于光的散射原理，将探测器安装在某一散射角处，获得散射光强数据后，基于散射理论对烟尘浓度进行反演。

使用直接测量法的颗粒物监测子系统主要包括光发射端、光接收端和反吹装置。反吹装置为光的发射和接收提供反吹气，防止镜面积灰和污染。

（3）气态污染物测量

就采样方法而言，气态污染物的测量有直接测量和抽取测量两类。直接测量不需要复杂的抽气预处理单元，价格低廉，维护也相对简单，但最大的缺点是不易实现在线校准。抽取测量又分为直接抽取测量和稀释抽取测量。直接抽取测量无须稀释，价格适中，避免了稀释比例对测量精度的影响，在除尘效率高的前提下应用效果较好，但管线长、易堵塞，且管线泄漏会影响测量准确性；稀释抽取测量价格较贵，采用稀释气体和过滤器，能防止管道堵塞，应用加校正气的校正方法，能保证测量精度，但系统较为复杂。直接抽取的烟气中含有大量水分，为避免水分对测量精度和测量系统产生不良影响，直接抽取测量还可分为冷干抽取测量和热湿抽取测量。冷干抽取测量在测量前对抽取气体进行冷凝干燥，免去了热湿抽取测量需要在采样管线外伴热的麻烦，但水分在冷凝的过程中，可能会溶解一些二氧化硫、氮氧化物气体，从而影响测量精度。这些测量方法各有利弊，就市场占有情况来看，抽取测量占主导地位，美国流行稀释抽取测量，德国、日本及我国普遍采用直接抽取测量。

就分析方法而言，气态污染物的测量有多种方法（见表 E-1）。在我国火电厂 CEMS 中，非分散红外法使用较多，而在生活垃圾焚烧领域，由于需要测定的气体组分较多（火电厂仅需测量二氧化硫、氮氧化物，垃圾焚烧厂还要测量一氧化碳和氯化氢，还有可能增加氟化氢和氨气的测量需求），所以新配置的 CEMS 更多使用傅里叶变换红外法。

表 E-1 气态污染物采样与分析方法比较

分析方法	采样方法	优点	缺点
非分散红外法（NDIS）	稀释抽取、直接抽取	红外特征吸收广泛，能够测量多种物质	需匹配多个分析单元
傅里叶变换红外法（FTIR）	直接抽取、直接测量	响应快，谱线范围宽，能够测量多种物质	价格高于 NDIS
紫外荧光法（UVF）	稀释抽取	可测量微量气体浓度	稀释抽取系统复杂
可调谐激光法	直接抽取、直接测量	光源强度高，精度高	需要多个可调谐激光器
紫外差分吸收光谱法（UDOAS）	直接抽取、直接测量	精度高	产品应用不够成熟

（4）烟气排放参数测量

烟气的压力和流速可采用皮托管法测量，并计算出流量。烟气温度测量一般使用热电偶温度计。烟气中的含氧量可用氧化锆传感器测量。烟气中的含湿量可采用采样后冷凝法测量，或直接利用湿度传感器测量。

E2 主要的技术性能要求

（1）基本要求

①对固定污染源排放的污染物进行连续、实时的跟踪测定。

②应有制造计量器具 CMC 标志和产品铭牌，铭牌上应标有仪器名称、型号、生产单位、出厂编号、制造日期。进口产品应取得我国质量技术监督部门的计量器具型式批准证书。

③仪器各部零件应连接可靠，表面无明显缺陷，各操作键使用灵活，定位准确。

④仪器各显示部分的刻度、数字清晰，涂色牢固，不应有影响读数的缺陷。

⑤仪器外壳或外罩应耐腐蚀、密封性能良好、防尘、防雨。

⑥工作环境条件满足要求：

a. 环境温度：室内 15～35℃，室外 −20～50℃；

b. 相对湿度：≤85%；

c. 大气压：80～106 kPa；

d. 烟气温度：＜260℃。

⑦供电电压：AC（220±10%）V，频率（50±1）Hz。

⑧安全要求：在 10～35℃、相对湿度≤85%条件下，仪器电源引入线与机壳之间的绝缘电阻应不小于 20 MΩ。有漏电保护装置，防止人身触电。有良好的接地措施，防止雷击损坏。

（2）安装要求

①垃圾焚烧厂 CEMS 的安装应完全遵循《固定污染源烟气（SO_2、NO_x、颗粒物）排放连续监测技术规范》中固定污染源烟气 CEMS 安装位置的要求。应优先选择在垂直管段和烟道负压区域，确保所采集样品的代表性，测定位置应避开烟道弯头和断面急剧变化的部位。颗粒物 CEMS 和流速 CMS 的位置应遵循“前 2 后 4”原则，即对于圆形烟道，颗粒物 CEMS 和流速 CMS 应设置在距弯头、阀门、变径管下游方向≥4 倍烟道直径处，以及距上述部件上游方向≥2 倍烟道直径处。气态污染物 CEMS 的位置应遵循“前 0.5

后 2”原则，即设置在距弯头、阀门、变径管下游方向≥2 倍烟道直径处，以及距上述部件上游方向≥0.5 倍烟道直径处。CEMS 不宜安装在烟道内烟气流速<5 m/s 的位置。

②烟气 CEMS 监测断面下游应预留参比方法采样孔，采样孔数目及采样平台等按《固定污染源排气中颗粒物测定与气态污染物采样方法》要求确定，以供参比方法测试使用。在互不影响测量的前提下，应尽可能靠近。

③采样平台设置在离地面高度≥2 m 的位置时，应有通往平台的斜梯（或 Z 字梯、旋梯），宽度应≥0.9 m；当采样平台设置在离地面高度≥20 m 的位置时，应有通往平台的升降梯。

④伴热管线加热温度≥120℃，且应高于烟气露点温度 10℃以上，其实际温度值应能够在机柜或系统软件中显示查询。

⑤监测站房的基础荷载强度应≥2 000 kg/m^2。若站房内仅放置单台机柜，面积应≥2.5×2.5 m^2。若同一站房放置多套分析仪表，每增加一台机柜，站房面积应至少增加 3 m^2，以便于开展运维操作。站房空间高度应≥2.8 m，站房建在标高≥0 m 处。

⑥监测站房内配电功率能够满足仪表实际要求，功率不少于 8 kW，至少预留三孔插座 5 个、稳压电源 1 个、UPS 电源一个。

⑦监测站房内应配备不同浓度的有证标准气体，且在有效期内。标准气体应当包含零气（一般为高纯氮气，纯度≥99.999%）和 CEMS 测量的各种气体（二氧化硫、氮氧化物、氧气）的量程标气，以满足日常零点、量程校准、校验的需要。低浓度标准气体可由高浓度标准气体通过经校准合格的等比例稀释设备获得（精密度≤1%）。

（3）调试检测

①CEMS 在现场安装运行以后，在接受验收前，应按照《固定污染源烟气（SO_2、NO_x、颗粒物）排放连续监测技术规范》中附录 A 的调试检测方法进行技术性能指标的调试检测。调试检测结果应达到《固定污染源烟气（SO_2、NO_x、颗粒物）排放连续监测技术规范》中表 A.3 的要求。调试检测的技术指标包括：

a. 颗粒物 CEMS 零点漂移、量程漂移；

b. 颗粒物 CEMS 线性相关系数、置信区间、允许区间；

c. 气态污染物 CEMS 和氧气 CMS 零点漂移、量程漂移；

d. 气态污染物 CEMS 和氧气 CMS 示值误差；

e. 气态污染物 CEMS 和氧气 CMS 系统响应时间；

f. 气态污染物 CEMS 和氧气 CMS 准确度；

g. 流速 CMS 速度场系数；

h. 流速 CMS 速度场系数精密度；

i. 温度 CMS 准确度；

j. 湿度 CMS 准确度。

②《固定污染源烟气（SO_2、NO_x、颗粒物）排放连续监测技术规范》的准确度要求：对于排放浓度较高的氮氧化物（一般 103～715 mg/m^3）来说，允许的绝对误差为 41 mg/m^3；对于排放浓度较低的二氧化硫（一般≤57 mg/m^3）来说，允许的绝对误差为 17 mg/m^3；对于一氧化碳（一般≤62.5 mg/m^3）来说，允许的相对误差不超过±30%（即最大为±18.8 mg/m^3）；一氧化碳浓度≤25 mg/m^3 时，允许的绝对误差不超过 7.5 mg/m^3；对于氯化氢（一

般≤32.6 mg/m^3）来说，允许的绝对误差不超过 9.8 mg/m^3。

（4）技术验收

①CEMS 在完成安装、调试检测（至少稳定运行 7 天）并和主管部门联网后，应进行技术验收，包括 CEMS 技术指标验收和联网验收。

②现场验收期间，生产设备应正常且稳定运行，可通过调节固定污染源烟气净化设备达到某一排放状况，该状况在测试期间应保持稳定。现场验收时必须采用有证标准物质或标准样品，较低浓度的标准气体可以使用高浓度的标准气体采用等比例稀释方法获得，等比例稀释装置的精密度在 1%以内。标准气体要求贮存在铝或不锈钢瓶中，不确定度不超过±2%。

③对于光学法颗粒物 CEMS，校准时须对实际测量光路进行全光路校准，确保发射光先经过出射镜片，再经过实际测量光路，到校准镜片后，经过入射镜片到达接收单元，不得只对激光发射器和接收器进行校准。对于抽取式气态污染物 CEMS，当对全系统进行零点校准和量程校准、示值误差和系统响应时间的检测时，零气和标准气体应通过预设管线输送至采样探头处，经由样品传输管线回到站房，经过全套预处理设施后进入气态污染物分析仪。

④颗粒物 CEMS 技术指标验收包括颗粒物的零点漂移、量程漂移和准确度验收。在验收开始时，人工或自动校准仪器零点和量程，测定和记录初始的零点、量程读数，待颗粒物 CEMS 准确度验收结束，且至少距离初始零点、量程测定 6 小时后再次测定（人工或自动）和记录一次零点、量程读数，随后校准零点和量程。采用参比

方法与 CEMS 同步测量测试断面烟气中颗粒物平均浓度，至少获取 5 对同时段区间且相同状态的测量结果，计算颗粒物 CEMS 准确度。

⑤气态污染物 CEMS 和氧气 CMS 技术指标验收包括零点漂移、量程漂移、示值误差、系统响应时间和准确度验收。现场验收时，先做示值误差和系统响应时间的验收测试，不符合技术要求的，可不再继续开展其余项目验收。参比方法与 CEMS 同步测量烟气中气态污染物和氧气浓度，至少获取 9 个数据对，每个数据对取 5～15 分钟均值。

⑥烟气参数指标验收包括流速、烟温、湿度准确度验收。采用参比方法与流速、烟温、湿度 CMS 同步测量，至少获取 5 个同时段测试断面值数据对，分别计算流速、烟温、湿度 CMS 准确度。

⑦联网验收技术指标包括：要求现场机在线率为 95%以上，掉线后应在 5 分钟之内重新上线；单台数据采集传输仪每日掉线次数在 3 次以内；现场机和上位机的通信协议应符合《污染源在线自动监控（监测）系统数据传输标准》的规定，正确率 100%；稳定运行一周后，对一周的数据进行检查，对比接收的数据和现场的数据一致，精确至一位小数，抽查数据正确率 100%。

（5）日常巡检

CEMS 日常巡检时间间隔不超过 7 天。

（6）定期校准

固定污染源烟气 CEMS 运行过程中的定期校准应做到：

①具有自动校准功能的颗粒物 CEMS 和气态污染物 CEMS 每 24 小时至少自动校准一次仪器零点和量程，同时测试并记录零点漂

移和量程漂移。

②无自动校准功能的颗粒物 CEMS 每 15 天至少校准一次仪器的零点和量程，同时测试并记录零点漂移和量程漂移。

③无自动校准功能的直接测量式气态污染物CEMS每15天至少校准一次仪器的零点和量程，同时测试并记录零点漂移和量程漂移。

④无自动校准功能的抽取式气态污染物CEMS每7天至少校准一次仪器零点和量程，同时测试并记录零点漂移和量程漂移。

⑤抽取式气态污染物CEMS每3个月至少进行一次全系统的校准，要求零气和标准气体从监测站房发出，经采样探头后与样品气体通过的路径（应包括采样管路、过滤器、洗涤器、调节器、分析仪表等）一致，进行零点和量程漂移、示值误差和系统响应时间的检测。

⑥具有自动校准功能的流速CMS每24小时至少进行一次零点校准，无自动校准功能的流速CMS每30天至少进行一次零点校准。

⑦校准技术指标应满足《固定污染源烟气（SO_2、NO_x、颗粒物）排放连续监测技术规范》中表 4 的要求。定期校准记录按《固定污染源烟气（SO_2、NO_x、颗粒物）排放连续监测技术规范》附录 G 中的表 G.4 表格形式记录。颗粒物 CEMS 技术指标要求零点漂移不超过±2%、量程漂移不超过±2%，失控指标为零点漂移超过±8%、量程漂移超过±8%；气态污染物 CEMS 技术指标要求零点漂移不超过±2.5%、量程漂移不超过±2.5%，失控指标为零点漂移超过±5%、量程漂移超过±10%。

附录 F 环保数据采集传输仪的原理和要求

环保数据采集传输仪（简称“数采仪”）是专用于环境监测和污染源在线监控的数据采集、存储和传输设备。

F1 工作原理

数采仪通过数字通道、模拟通道、开关量通道采集监测仪表的监测数据、状态等信息，然后通过传输网络将数据、状态传输至上位机；上位机通过传输网络发送控制命令，数采仪根据命令控制监测仪表工作。

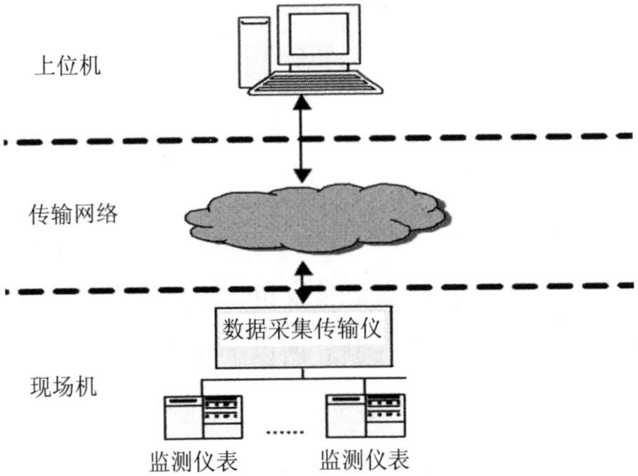

图 F-1 数采仪的工作原理

注：引自《污染源在线自动监控（监测）数据采集传输仪技术要求》。

F2 数据采集接口

数采仪一般应配备足够的模拟量、开关量和串口数字量采集通道。《污染源在线自动监控（监测）数据采集传输仪技术要求》要求：

①应至少具备 5 个 RS-232（或 RS-485）数字输入通道，用于连接监测仪表，实现数据、命令双向传输。

RS-232 通信接口标准（又称 EIA RS-232）是常用的串行通信接口标准之一，是由美国电子工业协会（EIA）联合贝尔系统公司、调制解调器厂家及计算机终端生产厂家于 1970 年共同制定的，其全名是“数据终端设备（DTE）和数据通信设备（DCE）之间串行二进制数据交换接口技术标准”。RS-232 接口标准出现的时间较早，缺点明显：接口的信号电平值较高，易损坏接口电路的芯片，又因为与 TTL 电平（晶体管—晶体管逻辑电平，是计算机处理器控制的设备内部各部分之间通信的一种标准术语）不兼容，故需使用电平转换电路方能与 TTL 电路连接；传输速率较低，最高传输速率仅为 20 kbps；接口使用一根信号线和一根信号返回线而构成共地的传输形式，容易产生共模干扰，所以抗噪声干扰性弱；传输距离有限，最大传输距离标准值为 50 英尺（1 英尺=0.304 8 m），实际上也只能用于 50 m 左右；接口在总线上只允许连接 1 个收发器，只具有单站能力。

RS-485 通信接口标准是由 EIA 和美国通信工业协会（TIA）于 1983 年共同制定和开发的一项多点差分数据传输的电气规范，也是业界应用最为广泛的通信接口标准之一。这种通信接口允许在简单的一对双绞线上进行多点双向通信，具有较强的噪声抑制能力、较快的数据传输速率、较长的通信距离及较高的可靠性。当需要在噪声环境和有一定距离的情况下进行通信时，RS-485 通信接口是一个很好的选择。其特点包括：接口信号电平比 RS-232 低，不易损坏接口电路的芯片，且该电平与 TTL 电平兼容，可方便与 TTL 电路连接；数据最高传输速率为 10Mbps；接口采用平衡驱动器和差分接收器的组合，抗共模干扰能力增强，即抗噪声干扰性好；接口的最大传输距离标准值为 4 000 英尺，实际上可达 3 000 m；接口在总线上允许连接多达 128 个收发器，即具有多站能力，这样用户可以利用单一的 RS-485 接口较为方便地建立起设备网络。

②应至少具备 8 个模拟量输入通道，应支持 4～20 mA 电流输入或 1～5 V 电压输入，应至少达到 12 位分辨率。

③应至少具备 4 个开关量输入通道，用于接入污染治理设施工作状态的相关信号。开关量电压输入范围为 0～5V。

F3 数据存储单元

数据存储单元用于存储所采集到的监测仪表的实时数据和历史数据。《污染源在线自动监控（监测）数据采集传输仪技术要求》的表 1 中给出了存储容量的要求，存储单元应具备断电保护功能，断电后所存储数据应不丢失。

生态环境部办公厅《关于加强生活垃圾焚烧发电厂自动监控和监管执法工作的通知》也给出了自动监测设备的存储容量要求：上

报至生态环境主管部门的实时数据（含炉温数据）需在自动监测设备存储 1 年以上，分钟数据存储 1 年以上，小时数据存储 3 年以上，日数据存储 10 年以上。软硬件更新维护时需妥善备份自动监测数据，不得因自动监测设备软件升级删除历史数据。

F4 数据传输单元

数据传输单元应采用可靠的数据传输设备，保证连续、快速、可靠地进行数据传输。数采仪与上位机的通信协议应符合《污染物在线监控（监测）系统数据传输标准》要求，通信传输方式可以选择：

①有线传输，如电话线、ISDN、ASDL、以太网、光纤等方式。

②无线传输，如 GPRS、3G、4G、5G、NB-IoT 等方式。

附录G 管理新政模拟考试题

G1 《管理规定》模拟考试题

一、单项选择题

1. 垃圾焚烧发电厂的自动监测设备应当由（ ）负责安装和使用。

A. 垃圾焚烧厂自身　　B. 行业主管部门

C. 第三方单位　　D. 地方监测站

2. 保证垃圾焚烧发电厂自动监测数据真实性的责任主体是（ ）。

A. 地方生态环境主管部门　　B. 垃圾焚烧厂自身

C. 第三方单位　　D. 地方监测站

3. 下列哪种情况的自动监测数据为有效数据？（ ）

A. 自动监测设备发生故障并按照《标记规则》及时标记的

B. 自动监测设备进行检修并按照《标记规则》及时标记的

C. 自动监测设备进行校准并按照《标记规则》及时标记的

D. 自动监测数据未进行标记的

4. 自动监测设备发生以下哪种情况时不需要标记？（ ）

A. 自动监测设备发生故障　　B. 自动监测设备进行检修

C. 自动监测设备进行校准　　D. 自动监测正常运行

5．下列哪种情况不属于垃圾焚烧厂应当标记的情况？（　）

A．焚烧炉工况　　B．自动监测异常情况

C．污染治理设施运行情况　　D．焚烧炉停止运行

6．（　）内，生活垃圾焚烧厂焚烧炉排放烟气中的颗粒物、氮氧化物、二氧化硫、氯化氢、一氧化碳等污染物的自动监测日均值数据，有一项或者一项以上超过 GB 18485《生活垃圾焚烧污染控制标准》或者地方污染物排放标准规定的相应污染物 24 小时均值限值或者日均值限值，可以认定其污染物排放超标。

A．1 个自然日　　B．1 个工作日

C．连续 3 个自然日　　D．连续 5 个自然日

7．1 个自然日内，垃圾焚烧厂任一焚烧炉排放烟气中颗粒物、氮氧化物、二氧化硫、氯化氢、一氧化碳等污染物的自动监测（　）数据，有一项或者一项以上超过 GB 18485《生活垃圾焚烧污染控制标准》或者地方污染物排放标准规定的相应污染物的标准限值，可以认定其污染物排放超标。

A．1 分钟均值　　B．5 分钟均值

C．小时均值　　D．日均值

8．垃圾焚烧厂应当按照国家有关规定，确保正常工况下焚烧炉炉膛内热电偶测量温度的（　）均值不低于 850℃。

A．1 分钟　　B．5 分钟

C．30 分钟　　D．小时

9．垃圾焚烧厂应当按照国家有关规定，确保正常工况下焚烧炉炉膛内热电偶测量温度的 5 分钟均值不低于（　）。

A．800℃ B．850℃

C．950℃ D．1 000℃

10．垃圾焚烧厂应当按照国家有关规定，确保（ ）下焚烧炉炉膛内热电偶测量温度的 5 分钟均值不低于 850℃。

A．任何工况 B．额定工况

C．设计工况 D．正常工况

11．生态环境主管部门开展行政执法时，可以按照监测技术规范要求采集（ ）样品进行执法监测，获取的监测数据可以作为行政执法的证据。

A．1 个 B．3 个

C．数个 D．多个

12．生态环境主管部门执法监测获取的监测数据与自动监测数据不一致的，以（ ）作为行政执法的证据。

A．生态环境主管部门执法监测获取的监测数据

B．现场获取的自动监测数据

C．委托第三方重新监测的监测数据

D．获取的以往监督性监测数据

13．经现场调查核实，垃圾焚烧厂污染物超标排放行为属实的，生态环境主管部门应当（ ）垃圾焚烧厂改正违法行为，并依法下达责令改正违法行为决定书。

A．当场责令 B．在事后责令

C．劝诫 D．约谈

14．垃圾焚烧厂每台焚烧炉按照《标记规则》及时在自动监控

系统企业端如实标记“烘炉”“停炉降温”的时段，一个自然年内累计不超过（ ）小时的，不认定为《管理规定》第六条规定的污染物排放超标的情形。

A．60　　B．70

C．700　　D．30

15．垃圾焚烧厂每台焚烧炉按照《标记规则》及时在自动监控系统企业端如实标记“启炉”“停炉”“故障”“事故”，且颗粒物浓度的小时均值不大于 150 mg/m^3 的时段，一个自然年内累计不超过（ ）小时的，不认定为《管理规定》第六条规定的污染物排放超标的情形。

A．60　　B．70

C．700　　D．30

16．下列哪种情形属于《管理规定》第十条明确提出的应当依照《中华人民共和国大气污染防治法》第九十九条第二项的规定，依法责令限制生产或者停产整治的情形？（ ）

A．某垃圾焚烧厂某焚烧炉一个自然月内氯化氢自动监测日均值数据累计超标 5 天，但都是由于故障引起的，因此焚烧炉工况标记了“故障”。经地方生态环境主管部门核实该故障属实，且故障期间颗粒物浓度的小时均值不大于 150 mg/m^3，该自然年内故障焚烧炉的工况标记也没有超过 60 小时

B. 某垃圾焚烧厂某焚烧炉一个自然月内氯化氢自动监测日均值数据累计超标 4 天，且自动监控系统企业端没有标记信息

C．某垃圾焚烧厂某焚烧炉一个自然月内氯化氢自动监测日均

值数据累计超标5天，且自动监控系统企业端没有标记信息

D．某垃圾焚烧厂某焚烧炉正常工况下焚烧炉炉膛内热电偶测量温度的5分钟均值低于850℃，一个自然日内累计超过5次，且自动监控系统企业端没有标记信息

17．下列哪种情形属于《管理规定》第十一条规定的认定为“未按照国家有关规定采取有利于减少持久性有机污染物排放的技术方法和工艺”？（ ）

A．标记为“停运”

B．垃圾焚烧厂焚烧炉炉膛内热电偶测量温度的5分钟均值低于850℃，一个自然日内累计6次，且自动监控系统企业端没有标记信息

C．垃圾焚烧厂焚烧炉炉膛内热电偶测量温度的5分钟均值低于850℃，一个自然日内累计5次，且自动监控系统企业端没有标记信息

D．因不可抗力导致焚烧炉炉膛内热电偶测量温度的5分钟均值低于850℃，提前采取了有效措施控制烟气中二噁英类污染物排放，按照《标记规则》标记为“炉温异常”

18．下列哪种情形属于《管理规定》第十一条规定的不认定为“未按照国家有关规定采取有利于减少持久性有机污染物排放的技术方法和工艺”？（ ）

A．因不可抗力导致焚烧炉炉膛内热电偶测量温度的5分钟均值低于850℃，没有提前采取有效措施控制烟气中二噁英类污染物排放，按照《标记规则》标记为“炉温异常”

B. 因设备故障导致焚烧炉炉膛内热电偶测量温度的 5 分钟均值低于 850℃，提前采取了有效措施控制烟气中二噁英类污染物排放，按照《标记规则》标记为“炉温异常”

C. 因设计缺陷导致焚烧炉炉膛内热电偶测量温度的 5 分钟均值低于 850℃，提前采取了有效措施控制烟气中二噁英类污染物排放，按照《标记规则》标记为“炉温异常”

D. 因不可抗力导致焚烧炉炉膛内热电偶测量温度的 5 分钟均值低于 850℃，提前采取了有效措施控制烟气中二噁英类污染物排放，按照《标记规则》标记为“炉温异常”

19. 垃圾焚烧厂每台焚烧炉按照《标记规则》及时在自动监控系统企业端如实标记“烟气排放连续监测系统（CEMS）维护”的时段，一个季度内累计不超过（　）小时的，不认定为《管理规定》第十二条规定的“未保证自动监测设备正常运行”的情形。

A. 60　　　　B. 70

C. 700　　　　D. 30

20.《管理规定》明确：垃圾焚烧厂因污染物排放超标等环境违法行为被依法处罚的，应当依照国家有关规定，核减或暂停（　）。

A. 拨付可再生能源电价附加补贴

B. 增值税优惠政策

C. 企业所得税优惠政策

D. 环保税免征政策

21. 垃圾焚烧厂因（　）等环境违法行为被依法处罚的，应当依照国家有关规定，核减或暂停拨付其国家可再生能源电价附加补贴资金。

A. 未验先投

B. 污染物排放超标

C. 未按规定安装自动监测设备

D. 自动监测数据未进行标记

22. 以下哪种情况属于《管理规定》第十七条中所规定，应当依照国家有关规定，核减或暂停拨付其国家可再生能源电价附加补贴资金？（ ）

A. 垃圾焚烧厂自动监测设备进行检修未按照《标记规则》及时标记

B. 垃圾焚烧厂未按规定要求安装自动监测设备

C. 垃圾焚烧厂因污染物排放超标，受到依法处罚

D. 垃圾焚烧厂对自动监测数据造假

23.《管理规定》解释权限归属（ ）。

A. 生态环境部　　B. 财政部

C. 国家发展和改革委员会　　D. 国家能源局

24.《管理规定》的生效日期是（ ）。

A. 2019 年 10 月 11 日　　B. 2020 年 11 月 26 日

C. 2020 年 1 月 1 日　　D. 2020 年 3 月 31 日

二、多项选择题

1. 生态环境主管部门执法人员现场调查取证时，应当（ ），以记录执法过程。

A. 提取自动监测数据

B．制作调查询问笔录或者现场检查（勘察）笔录

C．对提取过程进行拍照或者摄像

D．采取其他方式

E．视实际人员情况选择记录或不记录

2．生态环境主管部门执法人员现场调查时，可以根据垃圾焚烧厂的违法情形，收集下列证据。（　）

A．当事人的身份证明

B．调查询问笔录或者现场检查（勘察）笔录

C．提取的热电偶测量温度的 5 分钟均值数据、自动监测日均值数据或者数据缺失情况

D．自动监测设备运行参数记录、运行维护记录、相关生产记录、污染防治设施运行管理台账等

E．自动监控系统企业端焚烧炉工况、自动监测异常情况数据及标记记录或其他需要的证据

3．1 个自然日内，垃圾焚烧厂任一焚烧炉排放烟气中颗粒物、氮氧化物、二氧化硫、氯化氢、一氧化碳等污染物的自动监测日均值数据，有（　）超过《生活垃圾焚烧污染控制标准》或者地方污染物排放标准规定的相应污染物的标准限值，可以认定其污染物排放超标。

A．一项

B．一项以上

C．至少一项以上（不含一项）

D．一项或一项以上

4．生态环境主管部门执法人员现场从自动监测设备提取的数据，应当由垃圾焚烧厂的（　）签字确认。

A．直接负责的主管人员　　B．其他责任人员

C．执法人员　　D．监测人员

5．按照《标记规则》及时在自动监控系统企业端如实标记的，不认定为《管理规定》第六条规定的污染物排放超标的情形包括：（　）

A．一个自然年内，每台焚烧炉标记为“烘炉”“停炉降温”的时段，累计不超过 700 小时的

B．标记为“停运”的

C．一个季度内，每台焚烧炉标记为“启炉”“停炉”“故障”“事故”，且颗粒物浓度的小时均值不大于 150 mg/m^3 的时段，累计不超过 60 小时的

D．一个自然年内，每台焚烧炉标记为“启炉”“停炉”“故障”“事故”，且颗粒物浓度的小时均值不大于 150 mg/m^3 的时段，累计不超过 60 小时的

6．根据《管理规定》第六条认定为污染物排放超标的，依照《中华人民共和国大气污染防治法》第九十九条第二项的规定处罚，适用处罚包括：（　）

A．责令改正，并处十万元以上一百万元以下的罚款

B．限制生产、停产整治，并处十万元以上一百万元以下的罚款

C．只处十万元以上一百万元以下的罚款

D．情节严重的，报经有批准权的人民政府批准，责令停业、关闭

7．下列哪种情形属于《管理规定》第十一条规定的不认定为“未按照国家有关规定采取有利于减少持久性有机污染物排放的技术方法和工艺”？（ ）

A．垃圾焚烧厂正常工况下焚烧炉炉膛内热电偶测量温度的 5 分钟均值低于 850℃，一个自然日内累计 5 次，且自动监控系统企业端没有标记信息

B．垃圾焚烧厂正常工况下焚烧炉炉膛内热电偶测量温度的 5 分钟均值低于 850℃，一个自然日内累计 6 次，且自动监控系统企业端没有标记信息

C．标记为“停运”

D．因不可抗力导致焚烧炉炉膛内热电偶测量温度的 5 分钟均值低于 850℃，提前采取了有效措施控制烟气中二噁英类污染物排放，按照《标记规则》标记为“炉温异常”

8．根据《管理规定》第十一条规定认定为“未按照国家有关规定采取有利于减少持久性有机污染物排放的技术方法和工艺”，依照《中华人民共和国大气污染防治法》第一百一十七条第七项的规定处罚，适用处罚包括：（ ）

A．责令改正

B．处一万元以上十万元以下的罚款

C．直接责令停工整治或者停业整治

D．拒不改正的，责令停工整治或者停业整治

9. 下列哪种情形属于《管理规定》第十二条规定的不认定为“未保证自动监测设备正常运行”？（ ）

A. 在一个自然年内，每台焚烧炉标记为“烟气排放连续监测系统（CEMS）维护”的时段，累计不超过 30 小时

B. 在一个季度内，每台焚烧炉标记为“烟气排放连续监测系统（CEMS）维护”的时段，累计不超过 60 小时

C. 标记为“停运”

D. 在一个季度内，每台焚烧炉标记为“烟气排放连续监测系统（CEMS）维护”的时段，累计不超过 30 小时

10. 根据《管理规定》第三条第三款和第十二条规定认定为“未保证自动监测设备正常运行”，依照《中华人民共和国大气污染防治法》第一百条第三项的规定处罚，适用处罚包括：（ ）

A. 责令改正

B. 直接责令停产整治

C. 处二万元以上二十万元以下的罚款

D. 拒不改正的，责令停产整治

11. 下列哪种情形属于《管理规定》第十三条规定的认定为“通过逃避监管的方式排放大气污染物”，依照《中华人民共和国大气污染防治法》第九十九条第三项的规定处罚？（ ）

A. 按照《标记规则》如实标记，排放污染物的

B. 未按照《标记规则》虚假标记，排放污染物的

C. 伪造自动监测数据，排放污染物的

D. 篡改自动监测数据，排放污染物的

12. 下列哪种情形符合《管理规定》第十四条规定的处罚要求？（ ）

A. 某垃圾焚烧厂 1 号焚烧炉违反《管理规定》第六条规定，认定为污染物排放超标情形；违反《管理规定》第十一条规定，认定为“未按照国家有关规定采取有利于减少持久性有机污染物排放的技术方法和工艺”。针对 1 号炉上述两项违法情形，依法分别处罚

B. 某垃圾焚烧厂 1 号焚烧炉违反《管理规定》第六条和第十条规定认定为污染物排放超标情形，2 号焚烧炉违反《管理规定》第十一条规定认定为“未按照国家有关规定采取有利于减少持久性有机污染物排放的技术方法和工艺”，针对 1 号炉和 2 号炉上述各自违法情形，依法分别处罚

C. 垃圾焚烧厂任一焚烧炉出现污染物排放超标，或者未按照国家有关规定采取有利于减少持久性有机污染物排放的技术方法和工艺的情形，持续数日的，自违法行为发生之日起按日连续处罚至违法行为结束之日

D. 垃圾焚烧厂任一焚烧炉出现污染物排放超标，或者未按照国家有关规定采取有利于减少持久性有机污染物排放的技术方法和工艺的情形，持续数日的，按照其违法的天数依法分别处罚

13. 下列哪种情形符合《管理规定》第十五条规定的现场调查要求？（ ）

A. 垃圾焚烧厂 5 日内多次出现污染物超标排放情形的，生态环境主管部门执法人员可以合并开展现场调查

B. 垃圾焚烧厂 5 日内多次出现未按照国家有关规定采取有利

于减少持久性有机污染物排放的技术方法和工艺的情形的，生态环境主管部门执法人员可以合并开展现场调查

C. 垃圾焚烧厂 10 日内多次出现未按照国家有关规定采取有利于减少持久性有机污染物排放的技术方法和工艺的情形的，生态环境主管部门执法人员可以合并开展现场调查

D. 生态环境主管部门执法人员分别收集每个违法行为的证据，分别制作行政处罚决定书或者列入同一行政处罚决定书

14．下列哪种情形符合《管理规定》第十六条规定的生态环境主管部门应当依法移送司法机关，追究刑事责任？（ ）

A．篡改自动监测数据排放污染物，涉嫌构成犯罪的

B．伪造自动监测数据排放污染物，涉嫌构成犯罪的

C．干扰自动监测设备排放污染物，涉嫌构成犯罪的

D．违反《管理规定》都要移送司法机关

三、判断题

1．某垃圾焚烧厂的环保设施未办理竣工环保验收手续，但主体工程已投产，则环保设施可直接与主体工程同时投产。（ ）

2．垃圾焚烧发电厂的自动监测设备应当在投入运行后再与生态环境主管部门的监控设备联网。（ ）

3．自动监测设备发生故障、检修、校准期间的自动监测数据无效。（ ）

4．地方生态环境主管部门应当根据垃圾焚烧厂的污染物排放量来确定是否将其列入重点排污单位名录。（ ）

5．自动监测数据需与执法监测获取的监测数据作对比后，方

可作为判定垃圾焚烧厂是否存在环境违法行为的证据。（ ）

6.《管理规定》适用于投入运行的生活垃圾焚烧发电厂，只焚烧不发电的垃圾焚烧厂参照执行。（ ）

7. 垃圾焚烧发电厂应聘请第三方单位负责运营自动监测设备，对自动监测设备开展质量控制和质量保证工作，第三方单位应确保自动监测数据的真实、准确、完整、有效。（ ）

8.《管理规定》于 2019 年 10 月 11 日公布，自公布之日起施行。（ ）

9. 生活垃圾焚烧发电厂自动监测数据标记规则由生态环境部另行制定。（ ）

10. 垃圾焚烧厂因污染物排放超标等环境违法行为被依法处罚的，应当依照国家有关规定，缴纳环境保护税。（ ）

11.《管理规定》第十七条：垃圾焚烧厂因污染物排放超标等环境违法行为被依法处罚的，应当依照国家有关规定，核减或暂停拨付其国家可再生能源电价附加补贴资金。该条解释权限归财政部所属。（ ）

参考答案

一、单项选择题

1. A；2. B；3. D；4. D；5. C；6. A；7. D；8. B；9. B；10. D；11. A；12. A；13. A；14. C；15. A；16. C；17. B；18. D；19. D；20. A；21. B；22. C；23. A；24. C

二、多项选择题

1. ABCD；2. ABCDE；3. ABD；4. AB；5. ABD；6. ABD；7. ACD；8. ABD；9. CD；10. ACD；11. BCD；12. ABD；13. ABD；14. ABC

三、判断题

1. 错误；2. 错误；3. 正确；4. 错误；5. 错误；6. 正确；7. 错误；8. 错误；9. 正确；10. 错误；11. 错误

G2 《标记规则》模拟考试题

一、单项选择题

1. 垃圾焚烧厂在接到电子督办单后及时核实，并在（ ）小时内按操作提示如实进行标记。

A. 1　　B. 4　　C. 6　　D. 8

2. 当出现焚烧炉工况改变，自动监测异常，自动监测数据出现零值、恒值、超量程以及超过污染物排放限值等情形时，垃圾焚烧厂应当于（ ）小时内核实并标记。

A. 1　　B. 4　　C. 6　　D. 8

3. 生态环境主管部门督办联系人收到事后处理的电子督办单后，及时调查核实情况，发现涉嫌违法后于（ ）个工作日内登录督办平台反馈拟处理意见。

A. 3　　B. 5　　C. 7　　D. 10

4. 垃圾焚烧厂出现工况序列异常、短时浓度超标、炉温不达标、零值/恒值等异常数据等情况时，污染源监控平台会发出（ ）电子督办单。

A．事前预警 B．事中调度 C．事后处理 D．超标预警

5．垃圾焚烧厂出现五项常规污染物日均值超标、炉温不达标超过5次、自动监测设备不正常运行等情况时，污染源监控平台会发出（ ）电子督办单。

A．事前预警 B．事中调度 C．事后处理 D．超标预警

6．标记为“故障”或“事故”的，每次时长不应超过（ ）小时，并简要描述故障或事故起因。

A．2 B．3 C．4 D．5

7．垃圾焚烧厂在企业端未做焚烧炉工况或自动监测异常标记的，以下哪个说法正确？（ ）

A．可以随时补充标记

B．可以使用台账记录免予处罚

C．自动监测数据视为有效

D．自动监测数据视为无效

8．标记为“烘炉”的，一般情况下，每次时长不应超过（ ）小时。

A．2 B．12 C．168 D．4

9．标记为“烘炉”的，炉内耐火材料修复或改造后，每次时长不应超过（ ）小时。

A．2 B．12 C．168 D．4

10．标记为“启炉”的，每次时长不应超过（ ）小时。

A．2　　B．3　　C．4　　D．5

11．下列哪些描述符合《标记规则》规定的“停炉”标记要求？（　）

A．向焚烧炉投入垃圾，且炉膛温度保持在 850℃以上的时段，可标记为“停炉”

B．停止向焚烧炉投入垃圾至炉膛内垃圾完全燃尽，炉膛温度低于 850℃后，没有启动辅助燃烧器，而是直接标记为“停炉”

C．停止向焚烧炉投入垃圾即可标记为“停炉”

D．停止向焚烧炉投入垃圾至炉膛内垃圾完全燃尽，且炉膛温度保持在 850℃以上的时段，可标记为“停炉”

12．自动监控系统的定义是（　）。

A．由垃圾焚烧厂的自动监测设备和生态环境主管部门的监控设备组成

B．指垃圾焚烧厂的自动监测设备

C．指生态环境主管部门的监控设备

D．以上都不对

13．异常工况发生后可以通过标记核实反馈工况的最长响应时间是（　）小时。

A．1　　B．6　　C．7　　D．12

14．某台焚烧炉某日 0：00—0：05 上部断面的 3 支热电偶第 1 分钟中位数至第 5 分钟中位数分别为 850℃、855℃、850℃、840℃和 850℃，中部断面 3 支热电偶的第 1 分钟中位数至第 5 分钟中位数分别为 850℃、860℃、850℃、860℃和 870℃，下部断面 3 支

热电偶的第 1 分钟中位数至第 5 分钟中位数分别为 850℃、855℃、860℃、870℃和 850℃。那么该炉 0：00—0：05 的 5 分钟均值为（ ）℃。

A. 853.5 B. 857.5 C. 850 D. 以上都不对

二、多项选择题

1.《标记规则》规定的标记类型包括：（ ）

A. 烟气净化设施工况标记

B. 焚烧炉工况标记

C. 自动监测异常标记

D. 异常标记

2.《标记规则》规定焚烧炉工况标记包括：（ ）

A. 烘炉、启炉 B. 停炉、停炉降温

C. 停运 D. 事故或故障

3.《标记规则》规定炉膛温度不应低于 850℃的焚烧炉工况包括：（ ）

A. 停炉 B. 停炉降温

C. 正常运行 D. 启炉

4.《标记规则》规定在哪些焚烧炉工况下不能向焚烧炉内投入垃圾？（ ）

A. 烘炉 B. 停炉、停炉降温

C. 启炉 D. 停运

5.《标记规则》规定的自动监测异常标记包括：（ ）

A. 通讯中断 B. 热电偶故障

C．烟气排放连续监测系统维护　　D．炉温异常

6．下列哪些描述符合《标记规则》规定的“CEMS 维护”标记要求？（　）

A．网络故障、通讯设备故障等原因导致数据无法报送至生态环境主管部门的时段，可标记为“CEMS 维护”

B．CEMS 校准、故障、检修以及数采仪故障、检修的时段，可标记为“CEMS 维护”

C．标记为“CEMS 维护”即可以豁免处罚

D．标记为“CEMS 维护”的，应同时备注维护的类型，并简要描述维护过程，保存运行维护记录备查

7．下列哪些描述符合《标记规则》规定的“通讯中断”标记要求？（　）

A．数据无法报送至生态环境主管部门，即可标记为“通讯中断”

B．网络故障、通讯设备故障等原因导致数据无法报送至生态环境主管部门的时段，可标记为“通讯中断”

C．标记为“通讯中断”即可以豁免处罚

D．标记为“通讯中断”的，应在通讯恢复后补传自动监测数据

8．下列哪些描述符合《标记规则》规定的“炉温异常”标记要求？（　）

A．正常运行时，因设备故障导致焚烧炉炉膛温度低于 850℃ 的时段，可标记为“炉温异常”

B．正常运行时，因不可抗力导致焚烧炉炉膛温度低于 850℃的时段，可标记为“炉温异常”

C．标记为“炉温异常”即可以豁免处罚

D．标记为“炉温异常”的，应备注炉膛温度异常的原因以及提前采取控制烟气污染物排放的有效措施，并保存运维记录和台账资料备查

9．下列哪些描述符合《标记规则》规定的“热电偶故障”标记要求？（　）

A．因热电偶结焦、损坏等情况导致热电偶测量温度不能反映实际温度的时段，可标记为“热电偶故障”

B．炉膛温度低于 850℃即可标记为“热电偶故障”

C．标记为“热电偶故障”即可以豁免处罚

D．标记为“热电偶故障”的，应备注故障测点位置、故障原因、维修或更换过程，保存运行维护记录和台账备查

10．下列哪些描述符合《标记规则》规定的“烘炉”标记要求？（　）

A．在投入垃圾的情况下，用辅助燃烧器将炉膛温度升至 850℃以上的时段，可标记为“烘炉”

B．在未投入垃圾的情况下，用辅助燃烧器将炉膛温度升至 850℃以上的时段，可标记为“烘炉”

C．标记为“烘炉”的，一般情况下，炉膛温度起点应低于 400℃

D．当“烘炉”的前序标记为“停炉降温”、“故障”或“事故”

时，允许炉膛温度起点高于 400℃

11．下列哪些描述符合《标记规则》规定的“启炉”标记要求？（　）

A．未完成烘炉，投入垃圾即可标记为“启炉”

B．完成烘炉后，投入垃圾，但炉膛温度低于 850℃，可标记为“启炉”

C．完成烘炉后，投入垃圾至工况稳定，且炉膛温度保持在 850℃以上的时段，可标记为“启炉”

D．标记为“启炉”的，每次时长不应超过 4 小时

12．下列哪些描述符合《标记规则》规定的“停炉降温”标记要求？（　）

A．焚烧炉投入垃圾，炉膛温度继续降低的时段，可标记为“停炉降温”

B．焚烧炉炉膛内垃圾完全燃尽后，炉膛温度继续降低的时段，可标记为“停炉降温”

C．标记为“停炉降温”的，一般情况下，炉膛温度应从 850℃以上降至 400℃以下

D．当“停炉降温”的后序标记为“烘炉”时，允许该标记时段结束时炉膛温度高于 400℃

13．以下哪些属于自动监测系统的组成部分？（　）

A. 热电偶　　B. 连续监控监测污染物的流量计

C. 数据采集传输仪　　D. 生产或治理设施运行记录仪

E. 烟气参数的监测设备

14. 以下哪些属于自动监测数据？（ ）

A. 炉温数据

B. 污染物排放数据

C. 流量、压力等工况参数

D. 记录自动监测系统运行管理的台账

E. 治理设备状况实时参数

三、判断题

1. 垃圾焚烧厂必须根据焚烧炉工况、自动监测异常情况等对数据进行事后标记，不可事前预先标记。（ ）

2. 自动监测数据正常时，垃圾焚烧厂也应当于1小时内标记。（ ）

3.《标记规则》适用于投入运行的垃圾焚烧厂，只焚烧不发电的生活垃圾焚烧厂参照执行。（ ）

4. 电子督办单的发送对象仅为垃圾焚烧厂。（ ）

5. 垃圾焚烧厂接到事前预警时无须核实反馈，垃圾焚烧厂自主标记或自行采取措施。（ ）

参考答案

一、单项选择题

1. C；2. A；3. B；4. B；5. C；6. C；7. C；8. B；9. C；10. C；11. D；12. A；13. C；14. A

二、多项选择题

1. BC；2. ABCD；3. ACD；4. ABD；5. ABCD；6. BD；

7. BD；8. BD；9. AD；10. BCD；11. CD；12. BCD；13. ABCDE；14. ABCE

三、判断题

1. 错误；2. 错误；3. 正确；4. 错误；5. 正确